1000种花卉
鉴赏图鉴

王意成 ⊙编著

中国水利水电出版社
www.waterpub.com.cn
·北京·

内容提要

本书收录草本、藤本、灌木和乔木四类植物共计1000种，每种花卉植物都配以高清自然原色大图，最大限度地清晰呈现花卉植物的原生态之美，让您仅凭翻阅就可以让眼睛饱览"美色"，获得极佳的审美体验。另外从花卉的科属、形态特征、花期、生长需要的日照、温度等几个方面进行了详细的介绍，方便您更快捷、更准确地认识大自然的花花草草。

本书适合花卉爱好者，或对学习和研究花卉感兴趣的人，是一本集花卉欣赏与花卉知识普及于一体的书籍，内容详实，插图精美，可以作为识别或者鉴赏花卉植物的工具书和科普读物。

图书在版编目（CIP）数据

1000种花卉鉴赏图鉴 / 王意成编著. -- 北京 ： 中
国水利水电出版社，2018.1（2023.10重印）
ISBN 978-7-5170-6218-9

Ⅰ．①1… Ⅱ．①王… Ⅲ．①花卉－鉴赏－图集
Ⅳ．①S68-64

中国版本图书馆CIP数据核字(2017)第326308号

策划编辑：杨庆川　　　　责任编辑：邓建梅　　　　封面设计：创智明辉

书　　名	1000 种花卉鉴赏图鉴 1000 ZHONG HUAHUI JIANSHANG TUJIAN
作　　者	王意成　编著
出版发行	中国水利水电出版社 （北京市海淀区玉渊潭南路 1 号 D 座　100038） 网址：www.waterpub.com.cn E-mail：mchannel@263.net（答疑） 　　　　sales@mwr.gov.cn 电话：（010）68545888（营销中心）、82562819（组稿）
经　　售	北京科水图书销售有限公司 电话：（010）68545874、63202643 全国各地新华书店和相关出版物销售网点
排　　版	北京万水电子信息有限公司
印　　刷	雅迪云印（天津）科技有限公司
规　　格	170mm×240mm　16 开本　16 印张　250 千字
版　　次	2018 年 1 月第 1 版　2023 年 10 月第 4 次印刷
印　　数	11001—14000 册
定　　价	68.00 元

凡购买我社图书，如有缺页、倒页、脱页的，本社营销中心负责调换

前言

　　"水陆草木之花，可爱者甚蕃。"无论去公园游逛还是去郊外踏青，总能见到形式有别、颜色各异的花儿草儿，漂亮极了。有时候你认得它，还叫得上名字，分得清科属，但更多的时候，你一定深陷于观其形、嗅其香、悦其色而不知其名的烦恼中吧？据植物学家统计，全世界的开花植物约有 25 万种，如此庞大的族群，即使是植物专家也未必能悉数把它们分辨清楚，所以作为"非植物专家"的你，认不得它们自然也在情理之中。但是身边出现的这些花卉植物，又挺想知道它们归于何科何属、生长习性如何、花果能吃与否，怎么办呢？别着急，救星来了！

　　本书收录有草本、藤本、灌木和乔木四类花卉植物共计 1000 种，每种植物都配以一幅高清的自然原色大图，最大限度地清晰呈现花卉植物的原生态之美，使您仅凭翻阅就可以让眼睛饱览"美色"，获得极佳的审美体验。至于携带此书畅游花园，书本知识与自然实际相印证并擦出喜悦的火花，那将是更高一重的身心愉悦了！

　　另外，本书因其"以图为主，以文为辅"的定位，关于入选花卉植物的分类、科属、花叶特征及生长习性的文字说明极为精简，为您妥善裁剪去"非植物专家"并不太关注的非关键信息，使您更快捷地获取目标内容。

　　孔子教导弟子读《诗》可以多识草木之名，今天，拥有此书，你可以比先贤弟子们更快捷、更准确地认识大自然的花花草草。一本好书，堪比良师益友，闲暇时携此书与大自然亲密接触，尽情体会增长知识的乐趣、接受美好情操的陶冶吧。

目录

第二章 藤本类花卉

花卉常见的花序类型

花卉植物的花在总花柄上密集或稀疏地按一定顺序排列，称花序。依据其着生的位置不同，主要可分为顶生花序、腋生花序（腋外生花序较少见）和居间花序；依据其茎上开花的顺序不同，主要可分为有限花序和无限花序。后一种花序分类法较为常用。开花植物总计约 25 万种，然而其花序类型概括而言主要有以下 8 种：

总状花序

花轴较长，不分枝，自下而上依次着生许多小花，小花花柄等长，都与花轴有规律地相连，在整个花轴上可以看到不同发育程度的花朵。

头状花序

花轴极短且膨大成扁形，基部的苞叶密集成总苞，由许多无柄小花（或仅有一朵花）密集着生于花轴顶部，聚成头状，外形酷似一朵大花。开花顺序由外向内。

穗状花序

花轴较长，直立，排列着许多无柄小花，小花为两性花。

葇荑花序

花轴较长，柔软下垂，由许多无柄的单性小花集生于花序轴而形成。小花有花被或无花被，开花后整个花序会全部脱落。

伞形花序

花轴缩短，大多数花着生在花轴顶端，每朵小花花柄基本等长，在花轴顶端编排列成圆顶形。开花顺序由外向内。

伞房花序

总状花序和伞形花序的中间型。花轴较长，不分枝，其上着生的小花花柄不等长，下部花柄长，上部花柄短，最终各花基本排列在一个平面上。开花顺序由外向内。

圆锥花序

总轴有分枝，每个分枝自成一总状花序，整个花序由许多小的总状花序组成，故称复总状花序。因整个花序形如圆锥，又称圆锥花序。

聚伞花序

最内或中央的花最先开放，然后渐及于两侧开放，称为聚伞花序。聚伞花序又可分为单歧聚伞花序、二歧聚伞花序和蝎尾状聚伞花序。

花卉常见的花冠类型

　　花冠，是一朵花所有花瓣（和冠筒）的总称。花冠在长期的进化过程中发生了适应性变异，最终形成形式各异的花冠。植物学家根据花瓣的形状、数目、离合状态以及冠筒的长短、花冠裂片的形态等特点对它们进行分类和描述。其中，花瓣的形状是最常用的花冠类型分类依据。据此分类，常见的花冠类型主要有以下 8 种：

十字花冠
　　花瓣 4 枚，具爪，平展排列成十字形。

唇形花冠
　　花冠下部合生成管状，上部向一边张开，状如口唇。

高脚碟状花冠
　　花冠下部合生成狭长的圆筒状，上部成水平状扩大。

舌状花冠
　　花冠基部合生成一短筒，上部合生向一侧展开而成扁平舌状。

钟状花冠
　　花冠合生成宽而稍短的筒状，上部裂片扩大成钟形。

漏斗状花冠
　　花冠下部合生成筒状，向上渐渐扩大成漏斗状。

蝶形花冠
　　花瓣 5 片，形似蝶状，最上一片最大，称旗瓣；侧面两片称翼瓣；最下两片称龙骨瓣。

辐状花冠
　　花冠下部合生形成一短筒，裂片由基部向四周扩展，状如车轮。

书中小图标的意义							
喜光照	☀	喜排水良好土壤	💧	半耐寒	❄	能食用	✖
喜半阴	☀	喜湿润土壤	💧	耐寒	❄❄	有毒	☠
耐阴	☀	喜水湿土壤	💧	极耐寒	❄❄❄	花期	✿

第一章

草本类花卉

草本花卉，通俗来说，就是茎秆柔软多汁呈草质的开花植物。根据生长周期的长短不同，可以将其分为一年生草本植物、二年生草本植物和多年生草本植物。它们有的花形中正，如紫茉莉、朱顶红、扶郎菊、虞美人等，有的花形特异，如鸡冠花、耧斗菜、凤眼莲、凤仙花、袋鼠爪等。无论花形中正或特异，这些美丽的植物都为我们的生活增添了不少趣味呢！

油菜花 ❀ ❀ ❀ ❀ ◊

十字花科芸薹属，一年生草本。基生叶椭圆形，大头羽裂，密被蜡粉，茎生叶多互生；总状花序生于主茎或分枝的顶端，花黄色，花瓣 4 片，十字形排列。

菟葵 ❀ ❀ ❀ ❀ ❀ ◊

毛茛科菟葵属，草本。叶圆肾形，多合生，掌状深裂，1 枚茎叶生于花下成为总苞；花单生，黄色或白色，花瓣 5~6 片，倒卵形。

蝴蝶花 ❀ ❀ ❀ ❀ ◊

鸢尾科鸢尾属，多年生草本。叶基生，宽条形，暗绿色，直立向上；总状聚伞花序顶生，较稀疏，花白色或淡蓝色。

圆币草 ❀ ❀ ❀ ❀ ❀ ◊

报春花科圆币草属，多年生常绿草本。叶卵状心形，全缘，亮绿色有光泽；花单生，花冠短钟状，下垂，花瓣流苏形，淡粉色至紫红色。

硬叶兰 ☀ ⬡

兰科兰属，多年生草本。叶厚革质，
4~7枚，条带形，暗绿色；总状花序常
下垂，花略小，花瓣淡黄色至乳黄色，
具栗褐色阔纵纹。

雪片莲 ☀ ❋ ❋ ❋ ⬡

石蒜科雪片莲属，多年生球根草本。叶线状条形，半直立，
多丛生；单花顶生或数朵集成伞形花序，花冠宽钟形，下垂，
花瓣白色，先端具一黄绿斑点。

报春石斛 ☀ ⬡

兰科石斛属，多年生草本。叶互生，卵
状披针形或披针形，基部鞘状；总状花
序，花瓣粉红色，披针形，唇瓣宽倒卵
形，白色或淡黄色带粉色先端。

夏至草 ☀ ❋ ⬡

唇形科夏至草属，多年生草本。叶长卵
圆形，3深裂或浅裂，裂片有稀疏圆齿
或长圆形犬齿；轮伞花序疏花，小花冠
檐二唇形，白色。

菥蓂 ☀ ❋ ❋ ❋ ⬡

十字花科菥蓂属，一年生草本。基生叶椭圆形，早落；茎生
叶多长卵形，先端圆钝，基部抱茎呈箭形；总状花序顶生，
小花白色，花瓣4片，长圆状倒卵形。

风信子 ✿ 3~4月 ☀ ❄ ❄ ❄ 💧

　　百合科风信子属，多年生球根草本。肉质叶基生，一般 4~9 枚，狭披针形或带状披针形，具浅纵沟，绿色有光泽；花葶中空，总状花序顶生，直立，具花 10~20 朵，小花漏斗形，檐部 6 裂，裂片披针形，略反卷；花色因品种而异，有淡蓝色、蓝色、蓝紫色、紫红色、紫色、粉红色、白色等。

芬达

雅辛托斯

紫色动感

大西洋

蓝夹克

卡耐基

得夫特

星空

科妮莉亚

安娜玛丽

珍珠粉

3~5月

3~5月

通泉草 ☼ ❀ ❀ ◐

玄参科通泉草属，一年生草本。叶匙形或倒卵状披针形；总状花序生于茎枝顶端，花紫色、白色或蓝色，冠檐为不规则二唇形。

冠花贝母 ☼ ❀ ❀ ❀ ◐

百合科贝母属，多年生球根草本。叶轮生，狭披针形，浅绿色，有光泽；花多达5朵，阔钟状，黄色、橙红色或大红色，顶端小型叶状苞片呈冠状。

3~5月

3~5月

波斯贝母 ☼ ❀ ❀ ◐

百合科贝母属，多年生球根草本。叶狭披针形，灰绿色，沿茎生长；穗状花序具花10~20朵，花窄钟状或圆锥状，颜色从深紫色到绿褐色。

花格贝母 ☼ ❀ ❀ ❀ ◐

百合科贝母属，多年生球根草本。叶灰绿色，对生或上部互生，较稀疏；花单生，钟状，紫红色或白色，有明显的方格状斑纹。

3~5月

3~5月

雏菊 ☀ ❋ ❋ ❋ ◗

菊科雏菊属，多年生草本。叶披针形至
匙形，基生，具疏齿；头状花序单生于
顶，舌状花有白、粉红、深红、紫等色，
管状花黄色。另有重瓣品种。

雪花莲 ☀ ❋ ❋ ❋ ❋ ◗

石蒜科雪花莲属，多年生草本。叶片线形；花单生于花茎顶端，
钟形，俯垂，花白色，花瓣6片，分为内外两层，每层各3
片花瓣，外层花瓣较长，内层花瓣先端有绿点。

3~5月

中国水仙 ☀ ◗ ☠

石蒜科水仙属，多年生草本。叶5~9枚，
扁平带状，先端较钝，基部鞘状；伞形
花序生于花茎顶端，具花4~8朵；花
瓣多为白色，副花冠黄色。

3~5月

3~5月

厚叶岩白菜 ☀ ❋ ❋ ❋ ◗

虎耳草科岩白菜属，多年生常绿草本。
叶基生，叶片肥厚而大，阔倒卵形或椭
圆形；聚伞花序圆锥状，花冠杯状，花
瓣红紫色，椭圆形至阔卵形，先端微凹。

宝盖草 ☀ ❋ ❋ ❋ ◗

唇形科野芝麻属，一年生或二年生草本。叶具长柄，圆形或
肾形，半抱茎，叶缘生圆齿；轮伞花序具6~10花，唇形花紫
红色或粉红色，冠筒细长。

洋水仙 🌸 3~5月 ☀ 💧

　　石蒜科水仙属，球根草本。叶宽线形，4~6枚，直立向上，先端稍钝；花茎高约 30 厘米，花单朵顶生，总苞佛焰苞状，长 3.5~5 厘米；花单瓣或重瓣，花冠管倒圆锥形，花瓣一般长圆形，多为黄色或淡黄色，也有白色；副花冠稍短于花被或近等长，白色、黄色、红色、橘红色等，浅杯状或长筒状。

贝拉

天使之泪

红口

嘹亮

荷兰船长

花仙子

口音

金币

塔希提

冰清玉洁

米老鼠

黎明

大苞鞘石斛 ☀ 🌢

兰科石斛属，多年生草本。叶薄革质，狭长圆形，2列；总状花序，花较大，萼片和花瓣白色，宽长圆形，先端带淡紫红色，唇瓣宽卵形，白色带淡紫红色先端，喉部棕黄色带褐色斑块。

血根草 ☀ ❄ ❄ ❄ 🌢

罂粟科血根草属，多年生草本。叶片较大，灰蓝色，叶缘多处分裂；花较大，白色，单生于顶，花瓣8片，大小略不等，长倒卵形。

羽扇豆 ☀ ❄ 🌢

豆科羽扇豆属，一年生草本。掌状复叶具小叶5~8枚，小叶质厚，披针形；总状花序顶生，蝶形花密集，有粉红色、蓝紫色、紫红色、黄色、白色等。

葡萄风信子 ☀ ❄ ❄ ❄ 🌢

百合科蓝壶花属，多年生草本。叶3~6枚，基生，线形，暗绿色，边缘常内卷；总状花序小花密集而下垂，钟状，蓝色或顶端白色，也有白色、深蓝色。

欧洲银莲花

毛茛科银莲花属，多年生草本。根出叶，掌状深裂。花单生于茎顶，萼片花瓣状，有单瓣、重瓣，花色有白色、红色、紫色、蓝色和双色等。

3~5月

白晶菊

菊科白舌菊属，二年生草本。叶互生，1~2回深裂，深绿色；头状花序单生，舌状花银白色，管状花金黄色。

3~5月

阿拉伯婆婆纳

玄参科婆婆纳属，一年生或二年生草本。叶片卵圆状，边缘具钝齿；花单生于苞腋，花冠蓝色，裂片圆形或卵形，有放射状深蓝色条纹，喉部有疏毛。

3~5月

还亮草

毛茛科翠雀属，一年生草本。叶为二回羽状全裂，三角状卵形或菱状卵形；总状花序腋生，有花2~15朵，淡蓝紫色。

3~5月

南苜蓿

豆科苜蓿属，一年生或多年生草本。羽状三出复叶，小叶阔倒卵形或倒心形；总状花序腋生，近伞形，有花2~10朵，小花黄色。

郁金香 ✿ 3~5月 ☀ ❄ ❄ ❄ ◐

　　百合科郁金香属，多年生球根草本。叶条状披针形至长圆状披针状，一般3~5枚，暗绿色，略被白粉；花单朵顶生，直立，花冠杯状，也有球形、碗形、漏斗形或钟形；花色艳丽，有白色、绿白色、红色、粉红色、玫红色、黄色、橙色等，也有复色；花瓣倒卵形，单瓣或重瓣。

白梦

人见人爱

春绿

天堂鸟

夜皇后

太阳之华

爵士金特

诗韵

琳马克

女战神

中国粉

月亮神

梦幻少女

勃艮第花边

3~5月

独角石斛 ☀

兰科石斛属，多年生草本。叶 3~5 枚，基生，明绿色，长披针形；花瓣橙黄色，唇瓣反转昂立，似犀牛角，密布橘红色网纹。

3~6月

鹤顶兰 ☀ ❄ ♦

兰科鹤顶兰属，多年生草本。叶互生，2~6 枚，长圆状披针形，光滑无毛；总状花序直立，花瓣披针形，背面白色，内面黄棕色，唇瓣白色带紫红色。

3~6月

诚实花 ☀ ❄ ❄ ❄ ♦

十字花科缎花属，二年生直立草本。叶片尖卵形，叶缘生有锯齿；花序顶生或腋生，有香味；花冠白色至深紫色，花瓣 4 片，十字形排列。

宝铎草 ☀❄❄❄❄💧

百合科宝铎草属，多年生草本。叶片质薄，卵状长椭圆形至披针形，叶柄极短；花筒状，簇生，下垂，花被片近直出，浅黄色、绿黄色或乳白色。

瓜叶菊 ☀💧

菊科瓜叶菊属，多年生草本。叶形大，阔心形或卵圆形，叶缘呈波状，绿色光亮；头状花序簇生成伞状，舌状花有紫红色、粉红色、淡蓝色或复色等，管状花紫色。

古代稀 ☀💧

柳叶菜科山字草属，一年生草本。叶片披针形，有时锯齿状；花漏斗状，似总状花序生于叶腋，花朵鲜艳，有粉红、红、橙红等色。

3~6月

鄂报春 ☀ 💧

报春花科报春花属，多年生草本。叶基生，椭圆形至心形，具锯齿；伞形花序顶生一轮，花高脚碟状，有粉红、蓝、紫、红、白等色，鲜艳夺目。

3~7月

3~7月

金疮小草 ☀ ❄ 💧

唇形科筋骨草属，一年生或二年生草本。叶纸质，倒卵状披针形或匙形，被毛，叶缘具规则疏齿；花淡蓝色或淡紫红色，花冠二唇形，上唇短而圆，下唇3裂。

虞美人 ☀ ❄ ❄ 💧

罂粟科罂粟属，一年生或二年生草本。叶羽状深裂；花单生于茎顶，花冠碗状，有单瓣、半重瓣、重瓣，花有红、粉、白、橙和紫等色，基部通常具深褐色斑点。

3~7月

香雪球 ☀ ❀ ❀ ❀ 💧

十字花科香雪球属，多年生草本。叶条形或披针形，灰绿色；顶生似伞房状的总状花序，花小密生呈球状，花冠淡紫色、玫红色或白色，花瓣 4 片，长圆形。

3~8月

文殊兰 ☀ ❀ 💧 ☠

石蒜科文殊兰属，多年生球根草本。叶大型，20~30 枚，条带形，边缘波状；伞形花序顶生，花高脚碟状，白色，花被裂片线形，有芳香。

3~7月

泥胡菜 ☀ ❀ ❀ ❀ ❀ 💧 ✂

菊科泥胡菜属，二年生草本。叶长椭圆形或倒披针形，羽状深裂或几乎全裂；头状花序生于茎端，小花管状，紫红色，花冠裂片线形。

3~8月

角堇 ☀ ❀ ❀ ❀ ❀ 💧

堇菜科堇菜属，多年生草本。叶片卵圆形，边缘具锯齿；花较小，单生于叶腋，花瓣近圆形，栽培品种较多，花有紫、红、橙、白、黄、黑、蓝及复色等。

3~8月

3~8月

君子兰 ☀ ◐ ☠

石蒜科君子兰属，多年生常绿草本。叶基生，条带形，革质，暗绿色；伞形花序顶生，具花 10~20 朵，小花漏斗形，有橙红色、红色和黄色。

鸿运当头 ☀ ◐

凤梨科果子蔓属，多年生常绿草本。叶基生，莲座状，叶片宽带形，暗绿色；穗状花序圆锥状，苞片密生，鲜红色，先端黄色。

3~8月

3~8月

朱顶兰 ☀ ◐ ☠

石蒜科孤挺花属，多年生球根草本。条形叶基生，半直立，亮绿色，花后抽出；伞形花序，着生花茎顶端，花大，漏斗状，花被管长，花被裂片猩红色略带白色条纹，长圆形，边缘波状。

袋鼠爪 ☀ ✳ ◐

血皮草科鼠爪花属，多年生草本。叶丛生，细长剑形，淡绿色或暗绿色；圆锥花序，花管状，花被片开裂，形状酷似袋鼠爪子，花梗颜色多变。

紫堇 ☀ ❋ ❋ ◐

罂粟科紫堇属，一年生草本。叶基生、茎生，二回羽状全裂，叶柄较长；总状花序较稀疏，花冠有白色、黄色、粉红色或紫红色。

时钟花 ☀ ◐

时钟花科时钟花属，多年生草本。叶互生，椭圆形至阔披针形，叶脉清晰；花近枝顶腋生，花冠白色，喉部黄色至深褐色，花瓣 5 片，倒卵形。

广口风铃草 ☀ ❋ ❋ ◐

桔梗科风铃草属，多年生草本。基生叶圆心形且有柄，茎生叶条状披针形，无柄；花单生，花冠宽钟状，有蓝色、紫色、粉红色或白色。

黄时钟花 ☀ ◐

时钟花科时钟花属，多年生宿根草本。叶互生，浓绿色，长卵形，叶脉清晰；单花近枝顶腋生，花冠金黄色，喉部深黄色，花瓣 5 片，倒卵形。

油点百合 ☀ ❋ ◐

百合科红点草属，多年生球根草本。叶肉质，3~5 枚顶生，银绿色，密布褐色斑点；圆锥花序，小花绿色，有 6 片花瓣，基部聚合呈钟形。

3~8月

3~9月

龙舌兰 ☀❄💧

龙舌兰科龙舌兰属,多年生常绿草本。叶大型,基生,呈莲座式排列,倒披针状,尖端具锐刺;圆锥花序大型,花黄绿色。

蟛蜞菊 ☀❄💧

菊科蟛蜞菊属,多年生常绿草本。叶长椭圆形或倒披针形,边缘疏生粗锯齿,深绿色;头状花序单独顶生或腋生,舌状花一轮,黄色,管状花深黄色。

3~8月

3~9月

龙面花 ☀💧

玄参科龙面花属,一年生草本。叶对生,有锯齿,深绿色披针形;总状花序顶生,花色丰富,有红色、黄色、粉色、蓝色、紫色、白色和双色,上部4片花瓣较小,下部2片较大,喉部黄色,具深色彩斑。

再力花 ☀💧

竹芋科再力花属,多年生挺水草本。叶基生,4~6枚,卵状披针形,灰蓝色;穗状圆锥花序,小花密集,紫红色,每2~3朵包于革质苞片内。

3~9月

3~10月

酢浆草

酢浆草科酢浆草属，多年生草本。叶基
生或茎上互生，掌状复叶有小叶 3 枚，
倒心形，无柄；花单生或几朵集为伞形
花序，腋生，花冠黄色，花瓣 5 片，长
圆状倒卵形。

朝天委陵菜 ☼ ❋ ❋ ◐

蔷薇科委陵菜属，一年生或二年生草本。叶为羽状复叶，具
小叶 2~5 对，倒卵形或椭圆形；花单生于叶腋，黄色，花瓣
5 片，倒卵形，顶端微凹。

3~10月

3~10月

含羞草 ☼ ❋ ◐ ✕

豆科含羞草属，一年生或多年生草本。
叶为二回羽状复叶，小叶长圆状卵形；
头状花序腋生，圆球形，小花白色或粉
红色，花瓣线形。

翠芦莉 ☼ ◐

爵床科芦莉草属，常绿多年生草本。叶线状披针形，暗绿色，
全缘或具疏齿；花腋生，花冠漏斗状，先端 5 裂，裂片边缘
微皱波状，多蓝紫色，偶见粉色或白色。

红花酢浆草

酢浆草科酢浆草属,多年生常绿草本。叶基生,具长柄,三出掌状复叶,扁圆状倒心形;花通常排列成伞形花序,花冠紫红色或淡紫色,花瓣5片,长倒卵形,基部颜色稍深。

蓝英花 ☀ ◐

茄科蓝英花属,一年生草本。叶对生或互生,翠绿色,卵圆形;花单生于叶腋,花冠筒较狭,檐部渐大,有5片淡蓝色花瓣。

繁星花 ☀ ◐

茜草科五星花属,多年生宿根草本。叶对生,卵圆形或披针形,被毛,叶脉鲜明。聚伞花序顶生,筒状小花密集,冠檐5裂,花有粉红色、红色、浅蓝色、淡紫色或白色。

喜阴花

苦苣苔科喜阴花属,多年生常绿草本。叶对生,较小,椭圆形,棕褐色或深绿色,叶缘有齿,被细绒毛;花单生或簇生于叶腋,有红色、橘色。

蔓花生 ☀ 💧 ✕

豆科蔓花生属，多年生宿根草本。羽状
复叶互生，小叶一般2对，纸质，倒卵形；
花腋生，花冠蝶形，金黄色。

3~11 月

勿忘草 ☀ 💧

紫草科勿忘草属，二年生或多年生草本。叶长椭圆状披针形
或披针形，密被白色短绒毛；聚伞花序轮生，花冠浅碟形，
淡蓝色，花瓣5片，喉部黄色。

3~11 月

三色堇 ☀ ❄ ❄ 💧

堇菜科堇菜属，二年生或多年生草本。
叶长圆形或披针形，具长柄；花较大，
单生于叶腋，通常每花有紫、白、黄三色，
整齐扁平。

3~11 月

蓝金花 ☀ 💧

玄参科耳棘花属，草本。叶对生，长椭
圆形，先端渐尖，叶缘具细齿，叶脉清
晰；单花腋生，花冠管细长，檐部平展，
花瓣2片，蓝紫色。

3~11 月

黄花美人蕉 ☀ 💧

美人蕉科美人蕉属，多年生草本。单叶互生，长圆状卵形，
具鞘状叶柄；总状花序疏花，花黄色，花冠管较短，花瓣披
针形。

勋章菊 ✿ 3~11月 ❁❋💧

　　菊科勋章花属，多年生宿根草本。叶丛生，披针形、倒卵状披针形或扁线形，全缘或羽状浅裂，叶背密被白绵毛；头状花序单生于顶，直径 7~8 厘米，舌状花一轮，舌片颜色因品种而异，有白色、黄色、橙红色、玫红色等，舌片基部具不同颜色的环带，整个花序形如勋章。

红色"拂晓"

黄色"线索尼特"

白色"拂晓"

红色"线索尼特"

黄色"阳光"

红条"拂晓"

4~5月

小顶冰花 ☀❄❄❄💧✄

百合科顶冰花属，多年生草本。基生叶1片，扁平条形，暗绿色；一般3~5朵花排成稀疏的伞形花序，花被片6片，披针形，内面淡黄色，外面黄绿色。

4~5月

羽衣甘蓝 ☀❄❄❄💧

十字花科芸薹属，二年生草本。叶片宽大匙形，光滑，被有白粉，或深度波状褶皱，呈鸟羽状；总状花序，花十字形，乳黄色，为虫媒花。

4~5月

二月兰 ☀💧✄

十字花科诸葛菜属，二年生草本。基生叶圆扇形，边缘具锯齿，附茎全缘叶，浅绿色；顶生总状花序，花十字形，有紫色、淡红色或白色，花瓣宽倒卵形。

4~5月

4~5月

侧金盏花 ☀️❄️❄️❄️💧

毛茛科侧金盏花属，多年生草本。叶片三角形，三回羽状全裂，花单生于枝顶，花冠黄色，辐状，花瓣约 10 片，倒卵状长圆形。

顶冰花 ☀️❄️❄️❄️💧

百合科顶冰花属，多年生草本。基生叶条形，扁平，光滑无毛，暗绿色；伞形花序具花 2~5 朵，花被片 6 片，条形或披针形，黄绿色。

4~5月

4~5月

蚕豆 ☀️❄️💧

豆科野豌豆属，一年生草本。羽状复叶，有小叶 1~3 对，多长椭圆形，全缘无毛；总状花序腋生，蝶形花白色，具紫色脉纹和黑斑。

匍匐筋骨草 ☀️❄️❄️💧

唇形科筋骨草属，一年生或二年生草本。纸质单叶对生，长圆状卵圆形；多个轮伞花序密集成顶生的穗状花序，小花蓝色或淡红色。

4~5月

球花石斛 ☀ 💧

兰科石斛属，多年生草本。叶互生，革质，
3~4 枚生于茎端，长圆状披针形；总状
花序下垂，多花密生，花瓣白色，近圆形，
唇瓣金黄色。

4~5月

天南星 ☀ ❄ 💧

天南星科天南星属，多年生球根草本。叶片鸟足状分裂，裂
片 13~19，线状长圆形或倒披针形；花单性，雌雄异株，肉
穗花序顶生，花序柄较长，从筒状佛焰苞内伸出。

4~5月

紫罗兰 ☀ ❄ ❄ 💧 ✂

十字花科紫罗兰属，二年生或多年生草
本。叶长圆形或匙形，全缘或具微波；
总状花序顶生或腋生，花瓣紫红色或淡
红色，近卵形，先端微凹。

4~5月

顶花板凳果 ☀ ❄ ❄ ❄ 💧

黄杨科板凳果属，多年生常绿草本。叶
片薄革质，较光滑，丛生于短茎顶端，
菱状倒卵形；穗状花序顶生，直立，小
花白色或淡黄绿色。

4~5月

窃衣 ☀ ❄ 💧

伞形科窃衣属，一年生或二年生草本。叶片膜质，一至二回
羽状分裂，小叶披针状卵形；复伞形花序顶生或腋生，小花
红色或白色，花瓣倒卵形，顶端凹陷。

花毛茛 ⚙ 4~5月 ☀ ❄ 💧

　　毛茛科花毛茛属，多年生球根草本。基生叶阔卵形，叶柄较长，茎生叶为二回三出羽状复叶，裂片5~6枚，边缘具钝齿，浅绿色至深绿色，近乎无柄；花单生或数朵顶生，花冠为杯状，直径9~13厘米，花瓣平展，重瓣或半重瓣，花色丰富艳丽，品种繁多。

白色"花谷"

黄色"花谷"

红色"花谷"

玫红色"花谷"

橙色"花谷"

白色粉边"花谷"

白色紫边"花谷"

黄色橙边"花谷"

钓钟柳 ☀ ⬢

玄参科钓钟柳属，多年生常绿草本。叶对生，卵形或披针形，被白绒毛；松散总状花序，花冠管状钟形，花淡紫粉色或淡紫色。

白及 ☀ ⬢ ⬢ ⬢

兰科白及属，多年生草本。叶狭披针形或长圆形，4~6枚，基部抱茎；总状花序顶生，具花3~18朵，花紫红色，萼片及两侧花瓣近长椭圆形。

虾脊兰 ☀ ⬢ ⬢ ⬢

兰科虾脊兰属，多年生草本。叶近基生，通常3枚，倒披针形至椭圆状长圆形，花期不展开；总状花序有花10朵左右，花被片淡褐色，开展、披针形，唇瓣淡紫色、紫红色或白色，3深裂。

芫荽 ☀ ⬢ ⬢

伞形科芫荽属，一年生至二年生草本。叶一至多回羽状全裂，小叶片线形；伞形花序顶生或与叶对生，小花白色或淡紫色。

紫花地丁

董菜科董菜属，多年生草本。叶基生，莲座状排列，叶形多变，狭卵形或长椭圆形；花有长柄，花瓣紫菫色或淡紫色，长圆状倒卵形或倒卵形。

香雪兰

鸢尾科香雪兰属，多年生球根草本。叶条带形或剑形，绿色，光滑无毛；穗状花序顶生，有花 5~10 朵，花冠窄漏斗状，有白、黄、粉、紫、红等色，花瓣卵圆形或椭圆形。

德国鸢尾

鸢尾科鸢尾属，多年生球根草本。叶剑形，直立，淡绿、灰绿或深绿色；花多淡紫或蓝紫色，花被管喇叭形，外轮花瓣椭圆形，顶端下垂，内轮花瓣倒卵形，直立。

银线草

金粟兰科金粟兰属，多年生草本。纸质单叶对生，倒卵形或宽椭圆形，边缘有齿；穗状花序顶生，白色小花密集。

碧玉兰

兰科兰属，多年生草本。叶 5~7 枚，细长带形，光滑无毛，外翻；总状花序具花 10~20 朵，花瓣狭倒卵状长圆形，黄绿色，唇瓣淡黄色，先端红褐色。

荷兰豆 ✿ ❄ ❄ ❄ 💧

豆科豌豆属，一年生缠绕草本。偶数羽状复叶，先端具卷须，小叶 2~3 对，卵圆形，全缘；蝶形花白色，翼瓣较阔。

活血丹 ✿ ❄ ❄ ❄ 💧

唇形科活血丹属，多年生常绿草本。叶片草质，肾形或圆心形，叶柄较长；花腋生，花冠淡蓝色至紫色，二唇形，下唇具深色斑点。

板蓝根 ✿ ❄ ❄ ❄ 💧

十字花科菘蓝属，二年生草本。叶片长圆形或宽条形，全缘或具浅齿；总状花序顶生或腋生，小花黄色，花瓣 4 片，宽楔形。

抱茎苦荬菜   💧

菊科苦荬菜属，多年生草本。叶具短柄或无柄，倒长圆形或线状披针形，边缘具齿或羽状深裂；头状花序组成伞房状圆锥花序，舌状花多数，黄色。

4~5月

纹瓣兰 ☀ 💧

兰科兰属，多年生草本。叶 4~5 枚，细长带状，厚革质，略外翻；总状花序具花多朵，花瓣狭椭圆形，淡黄色，内面具紫红色纵纹。

4~5月

萝卜 ☀ ❄ ❄ 💧 ✂

十字花科萝卜属，一年生或二年生草本。下部叶大头羽状半裂，被粗毛，上部叶长圆形；总状花序顶生及腋生，花白色或粉红色。

4~5月

金鱼草 ☀ ❄ ❄ 💧

玄参科金鱼草属，多年生草本。叶对生或互生，长圆状披针形，柄较短，无毛全缘；总状花序较长，顶生，花筒状唇形，有紫色、红色、白色和双色。

4~5月

4~5月

洋甘菊 ☀ ❄ ❄ 💧

菊科春黄菊属，一年生或多年生草本。叶二至三回羽状全裂，裂片细条形，先端具小尖头；头状花序顶生或腋生，舌状花一轮，白色，管状花黄色，凸起呈球形。

猪牙花 ☀ ❄ ❄ 💧

百合科猪牙花属，多年生草本。叶 2 枚，椭圆形或宽披针形，对生于植株中部以下；花紫红色，单朵顶生，俯垂；花被片 6 片，披针形，向后反卷。

鸢尾 🌸 4~5月 ☀❄❄❄💧

　　鸢尾科鸢尾属，多年生草本。叶基生，黄绿色，稍弯曲，中部略宽，宽剑形，基部鞘状，有数条不明显的纵脉；花顶生，花被管细长，上端膨大成阔喇叭形，外轮 3 片花瓣宽卵形，先端微凹，外翻下垂，内轮 3 片花瓣较小，椭圆形，花盛开时直立；花瓣颜色丰富多变，有白色、蓝紫色、红褐色、黄色、紫红色、橙色等。

粗纹

道格拉斯

山涧湖

卡纳比

桃霜

理想黄

曼汀那塔

天堂鸟

涟漪玫瑰

日幻

佛甲草 ☼ ❀ ❀ ◐

景天科景天属，多年生草本。叶线形，先端钝尖，基部无柄，多3叶轮生；稀疏的聚伞状花序顶生，花冠黄色，花瓣5片，披针形。

草莓 ☼ ◐ ✕

蔷薇科草莓属，多年生常绿草本。三出复叶，小叶质地较厚，菱形或倒卵形，叶缘具粗齿，有短柄；聚伞花序有花5~15朵，小花白色，花瓣近圆形。

白鲜 ☼ ❀ ❀ ❀ ❀ ◐ ☠

芸香科白鲜属，多年生宿根草本。奇数羽状复叶，小叶9~13枚，对生，椭圆形至长圆形；总状花序较长，花瓣倒披针形，白色或粉红色，带紫红脉纹。

泽漆 ☼ ❀ ◐

大戟科大戟属，一年生或二年生草本。叶互生，匙形或倒卵形，顶端略凹；总花序顶生，多歧聚伞状，总苞杯状，顶端4裂。

4~5月

接骨草 ☀❀❀💧

忍冬科接骨木属，多年生草本或亚灌木。单数羽状复叶，小叶 3~9 枚，对生，少互生，长圆状披针形或长椭圆形，无柄；复伞形花序顶生，小花倒杯状，白色。

4~6月

三色菊 ☀❀❀💧

菊科茼蒿属，一年生至二年生草本。叶互生，二回羽状中裂，肥厚光滑；头状花序单生于顶，舌状花瓣一轮，自先端至基部有三重颜色的变化，形成三轮环状色带。

4~6月

弹刀子菜 ☀❀❀💧

玄参科通泉草属，一年生草本。叶纸质，对生或互生，匙形或长椭圆状披针形，边缘有不规则锯齿；总状花序顶生，花较稀疏，花冠蓝紫色，二唇形，上唇 2 裂，下唇 3 裂。

4~6月

荠菜 ☀❀❀💧✕

十字花科荠属，一年生或二年生草本。基生叶丛生，莲座状排列；茎生叶互生，披针形，抱茎，羽状分裂；总状花序顶生及腋生，小花白色，卵形花瓣 4 片。

4~6月

延龄草 ❁❀❀❀💧

百合科延龄草属，多年生草本。单叶无柄，叶菱形或菱状圆形，顶端 3 叶轮生；花顶生，花瓣 3 枚，卵状披针形，通常褐紫色，有时黄色或绿色，也有白色、粉红色。

4~6月

黄鹌菜 ❁❀❀💧✂

菊科黄鹌菜属，一年生或二年生草本。叶基生，倒披针形，大头羽状深裂，裂片边缘具深齿；头状花序多排成伞房状；舌状花黄色。

4~6月

马蔺 ❁❀❀💧

鸢尾科鸢尾属，多年生宿根草本。叶丛生于基部，细长条形，灰绿色，质坚硬；花茎着生 1~3 朵花，花有浅蓝色、蓝色或蓝紫色，花瓣具明显脉纹。

异果菊 ☼ ◐

菊科异果菊属，一年生草本。叶互生，披针形或长圆状披针形，边缘具深波状齿；头状花序顶生，舌状花一轮，有白、粉红、橙、黄等色，中央管状花蓝紫色或棕黄色。

紫花鸢尾 ☼ ❄ ❄ ◐

鸢尾科鸢尾属，多年生草本。基生叶条形，黄绿色，叶脉突出；花单生于顶端，蓝紫色，外轮3片花瓣狭披针形，内轮3片花瓣较小。

莪术 ☼ ◐

姜科姜黄属，多年生宿根草本。叶较大，长椭圆形，叶柄较长；穗状花序直立，苞片倒卵形或卵形，下部绿色，上部紫红色，苞片内着生小花，黄色。

艳山姜 ☼ ◐

姜科山姜属，多年生常绿草本。叶披针形，基部渐狭，叶缘生柔毛；总状花序下垂，花白色，具紫晕，唇瓣黄色，花筒具褐色或红色条纹。

蝴蝶兰 ✿ 4~6月 ☀ 💧

兰科蝴蝶兰属，多年生常绿草本，附生型兰花。叶片一般3~4枚，稍肉质，表面绿色，背面紫色，长椭圆形或镰刀状长圆形，长10~20厘米，基部鞘状抱茎；总状花序，下垂，着花5~10朵，花序较长，侧生于茎基部，花苞片卵状三角形，花瓣菱状圆形，唇瓣3裂，侧裂片直立，花色繁复多变，纯色、纯色具斑纹或斑点。

兄弟女孩

光芒四射

斑点花"兄弟"

都市女孩

条纹花"黎明"

虎斑花

欢乐者

兄弟骑士

冬雪

万花筒

台大

4~6月

梓木草 ☀ ❀ ◉

紫草科紫草属，多年生匍匐草本。叶片匙形或倒披针形，柄短或近无柄；花单生于新枝上部叶腋，具花1至数朵，花冠淡蓝色或蓝紫色，筒部细长，檐部5裂。

4~6月

野芝麻 ☀ ❀ ❀ ◉ ✕

唇形科野芝麻属，多年生草本。茎下部叶呈卵圆形或心形，茎上部叶多卵圆状披针形；轮伞花序腋生，小花白色或浅黄色，冠檐二唇形。

4~6月

夏枯草 ☀ ❀ ❀ ◉ ✕

唇形科夏枯草属，多年生草本。叶对生，卵圆形或卵状披针形；轮伞花序密集，组成顶生的假穗状花序，呈圆筒状；小花蓝紫色、红紫色或紫色，冠檐二唇形。

4~6月

地黄 ☀ ❀ ❀ ◉ ✕

玄参科地黄属，多年生草本。叶基生，卵形至长椭圆形；总状花序顶生，花冠宽筒形，有裂片5片，内面黄紫色，外面紫红色，两面均被长柔毛。

 4~7月

蛇床花

伞形科蛇床属，一年生草本。基生叶柄
长，茎生叶基部鞘状抱茎；伞形花序顶
生，小花白色，倒卵形花瓣 5 片，顶端
微陷，略内弯。

 4~8月

三月花葵

锦葵科花葵属，一年生草本。叶卵形或近肾形，常 3~5 裂，
叶缘有齿，疏被柔毛；花单生于叶腋，亮粉红色，花瓣 5 片，
倒卵圆形，具明显脉纹。

 4~7月

葱

百合科葱属，多年生草本。叶管状，绿色，
中空，先端渐狭；伞形花序顶生，呈球
形，小花多而密，花钟状，白色。

4~8月

 4~7月

鱼腥草

三白草科蕺菜属，多年生腥味草本。叶
互生，薄纸质，心形或阔卵形，有腺点，
背面尤多；穗状花序顶生，黄棕色，总
苞片长圆形或倒卵形，花瓣状，白色。

花菱草

罂粟科花菱草属，多年生草本。叶多回三出羽状细裂，裂片
形状多变，灰绿色；花单生于茎和分枝顶端，花冠杯状，花
瓣 4 片，黄色，基部具橙黄色斑点。

4~8月

4~9月

蓬子菜

茜草科拉拉藤属，多年生直立草本。纸质叶 6~10 枚轮生，叶片线形，边缘向外反卷；黄色小花密集于枝顶，结成较大型的圆锥状花丛。

蒙自谷精草

谷精草科谷精草属，多年生草本。叶丛生于茎端，线形；花葶较长，头状花序球形，顶生，小花花瓣厚膜质，匙形，白色。

4~8月

4~9月

金罂粟

罂粟科金罂粟属，一年生草本。叶片倒长卵形，羽状深裂，裂片边缘具不规则尖齿或圆齿；花 4~7 朵，于茎端排成伞形花序，花瓣黄色，倒卵状圆形。

4~9月

桃叶鸦葱

菊科鸦葱属，多年生草本。基生叶多形，茎生叶披针形或钻状披针形，半抱茎；头状花序单生茎顶，舌状小花黄色，花瓣先端齿裂。

白屈菜

罂粟科白屈菜属，多年生草本。叶宽倒卵形，羽状全裂，表面绿色，背面粉白色；伞形花序，小花黄色，花梗较长，花瓣 4 片，倒卵形。

4~9月

蒲公英 ☀️ ❄️ 💧 ✖️

菊科蒲公英属，多年生草本。叶基生，莲座状排列，多倒卵状披针形，大头羽裂或羽裂；头状花序单一顶生，舌状花鲜黄色，顶端有红色细条，舌片先端5裂。

4~9月

风铃草 ☀️ 💧

桔梗科风铃草属，多年生草本作一年生栽培。基生叶卵形或倒卵形，莲座状排列，边缘有圆齿；总状花序顶生，花有白、紫、粉红、蓝等色，钟状，5浅裂。

4~10月

美丽月见草 ☀️ ❄️ 💧

柳叶菜科月见草属，多年生草本。叶倒披针形或长圆状卵形，不规则羽裂，两面被毛；花单生于叶腋，花冠碟状或杯状，花瓣粉红至紫红色，宽倒卵形。

4~10月

紫色曼陀罗 ☀️ 💧 ☠️

茄科曼陀罗属，一年生草本。叶对生，椭圆形，边缘具稀疏钝锯齿，叶柄及主脉紫色；花序单一或聚伞状生于叶腋，花冠喇叭状，外面淡紫色，内面白色。

4~10月

荇菜 ☀️ ❄️ ❄️ ❄️ 💧

龙胆科荇菜属，多年生浮水草本。叶飘浮于水面，近革质，圆形或卵圆形；花序腋生，高出水面，花漏斗状，金黄色，花瓣5深裂，边缘呈圆齿状，有睫毛。

矮牵牛 ✿ 4~10月 ☀ 💧

　　茄科碧冬茄属，多年生草本作一年生栽培。叶互生或对生，卵圆形或椭圆形，浓绿色，质地柔软，全缘；花单生，单瓣型花冠漏斗状，檐部5浅裂；重瓣型花冠球形，花瓣边缘褶皱或具不规则锯齿；花色有红色、白色、粉红色、蓝色、蓝紫色、紫红色及各种带斑点、网纹、条纹等，美丽异常。

锦波

蓝星

波浪

天蓝阿拉廷

紫红色"双瀑布"

红色"梦幻"

蓝色"盲珠"

粉红色"盲珠"

紫红色"盲珠"

4~11 月

5 月

大蓟 ☼ ❋ ❋ ❋ ◐ ✕

菊科蓟属，多年生草本。基部叶倒披针形，边缘羽状深裂或几乎全裂，具疏齿和不等长细针刺；头状花序顶生，呈球形；管状花，红色或紫色。

柳叶水甘草 ☼ ❋ ❋ ❋ ◐ ☠

夹竹桃科水甘草属，多年生草本。叶丛生，柳叶状，全缘；圆锥花序顶生，小花星状，淡蓝色或淡黄色，花瓣 5 片，喉部被毛。

4~11 月

5 月

紫叶酢浆草 ☼ ❋ ❋ ❋ ◐

酢浆草科酢浆草属，多年生宿根草本。三出掌状复叶，簇生，小叶等腰三角形，深红色；伞形花序具花 5~8 朵，花冠浅粉色，花瓣 5 片。

贝母兰 ☼ ◐

兰科贝母兰属，多年生草本。叶矩圆形至椭圆披针形，绿色；总状花序具少数至多数花，花较大，白色。

秋葵 ☀ 💧 ✳

锦葵科秋葵属，一年生草本。叶近心形，掌状 3~5 裂，被粗毛，叶柄较长；花大，单生于叶腋，花冠杯状，淡黄色，花瓣通常 5 片，基部暗红色。

球凤梨花 ☀ 💧

凤梨科果子蔓属，多年生常绿草本。叶基生，硬革质，宽条带形，莲座状排列，叶缘具锐齿和尖刺；穗状花序呈圆球形，苞片密生，鲜红色，尖端黄色。

吊兰 ☀ 💧

百合科吊兰属，多年生常绿草本。叶丛生，细长线形，偶有绿色或黄色条纹；总状花序，小花白色，偶有紫色，花瓣 6 片，簇生顶端。

玉竹 ☀ ❄ ❄ 💧 ✳

百合科黄精属，多年生草本。叶互生，椭圆形至卵状矩圆形，叶端渐尖，叶背略带灰白色；花序腋生，筒状花黄绿色至白色。

球尾花 ☀ ❄ ❄ 💧

报春花科珍珠菜属，多年生草本。叶对生，长圆状披针形或披针形，无柄或短柄；总状花序圆球状，腋生，总花梗极长，小花乳黄色。

5~6月

5~6月

铃兰 ☼❄❄❄◊☠

百合科铃兰属,多年生常绿草本。叶窄卵状,暗绿色,叶柄较长;总状花序,花冠白色,钟状,下垂,芳香。

聚石斛 ☼

兰科石斛属,多年生附生草本。叶革质,暗绿色,长圆形;总状花序较长,俯垂,疏生数花,花瓣宽椭圆形,橘黄色,唇瓣近肾形,内面橘红色。

5~6月

5~6月

附地菜 ☼❄❄◊

紫草科附地菜属,一年生草本。叶较小,互生,匙形、椭圆形或披针形,被短糙毛;总状花序顶生,小花淡蓝色或淡粉色,花瓣5片,倒卵形。

头蕊兰 ☼◊

兰科头蕊兰属,多年生草本。叶4~7枚,长圆状披针形;总状花序直立,小花白色,花瓣近倒卵形,唇瓣先端黄色,基部有囊。

黄菖蒲 ☀ 💧

鸢尾科鸢尾属，多年生湿生草本。叶基生，宽剑形，顶端渐尖，灰绿色，中肋明显；花顶生，黄色，旗瓣嫩黄色，垂瓣具褐色斑纹。

5~6 月

5~6 月

西洋滨菊 ☀ ❄ ❄ 💧

菊科滨菊属，多年生草本。叶椭圆状披针形或匙状倒卵形，无柄，叶缘具粗齿，深绿色；头状花序单生于顶，舌状花一轮，白色，管状花棕黄色。

银莲花 ☀ ❄ ❄ 💧

毛茛科银莲花属，多年生草本。叶基生，圆肾形，通常 3 全裂；花 1~3 朵疏花，花瓣状萼片 5~6 片，白色或略带粉红色，倒卵形。

芍药 ❀ 5~6月 ☀ ❄ ◐

　　毛茛科芍药属，多年生草本。下部茎生叶为二回三出复叶，上部茎生叶为三出复叶；小叶狭卵形、长椭圆形或披针形；花较大，直径10~30厘米，一朵或数朵生于茎顶和叶腋；花瓣倒卵形，单瓣杯状或碗状，重瓣芍药花瓣多达百片；花色艳丽丰富，花型多变。

莲花托金

胭脂点玉

皱白

大瓣白

苍龙

红火

湖光山色

粉玉奴

花绣球

粉玉装

5~6月

5~6月

马络葵 ✿❀❀❀❀💧

锦葵科马络葵属，一年生或二年生草本。单叶互生，叶缘具齿；花单生于叶腋，阔漏斗形，有花瓣5片，花色有红、粉、白和深紫等色，基部红紫色，脉纹显著。

马蹄莲 ✿💧☠

天南星科马蹄莲属，多年生球根草本。叶基生，较厚，心状箭形或箭形，绿色；肉穗花序顶生，黄色，佛焰苞白色，漏斗状，先端尖，反卷。

5~6月

5~6月

繁瓣花 ✿❀❀❀❀💧

马齿苋科露薇花属，多年生草本。叶片细小狭窄，夏季落叶；植株常丛生，花较小，莲座状，花瓣多数，狭披针形，白色或粉红色。

毛地黄 ✿❀❀❀💧

玄参科毛地黄属，二年生或多年生草本。叶基生，呈莲座状，叶卵状披针形或卵圆形，边缘具圆齿；总状花序顶生，花冠钟状，花色多样，内面具深色斑点。

5~6月

5~6月

石竹 ☼✲✲✲◊✕

石竹科石竹属，多年生草本。叶对生，条形或线状披针形；花瓣倒卵状三角形，粉红色、紫红色、鲜红色或白色，先端具不整齐齿裂，喉部有斑纹。

桃儿七 ☼✲✲✲✲◊☠

小檗科桃儿七属，多年生草本。叶纸质，绿色染棕红色，掌状 3~5 深裂；单花顶生，白色或粉红色，花瓣 6 片，倒卵形，先端齿裂。

5~6月

5~7月

芝麻菜 ☼✲✲✲◊✕

十字花科芝麻菜属，一年生草本。叶大头羽状深裂，背面叶脉疏生柔毛；多花疏生组成总状花序，花瓣 4 片，倒卵形，初淡黄色，后变白色，有清晰紫色脉纹。

5~6月

牛舌草 ☼✲✲✲◊

紫草科牛舌草属，多年生草本。叶倒披针形或长圆形，全缘，密被刚毛；圆锥花序顶生或腋生；花冠蓝色，裂片 5，近圆形。

心叶假面花 ☼✲✲✲◊

玄参科假面花属，多年生草本，常作一年生栽培。单叶对生，卵形或卵状披针形，叶缘具齿，叶脉鲜明，深绿色；总状花序，花疏散有距，猩红色。

5~7月

5~7月

野胡萝卜 ☀❄❅💧✕

伞形科胡萝卜属，二年生草本。叶薄膜质，羽状全裂，裂片
线形或披针形；花序为疏松的复伞形花序，顶生，花通常白
色或黄色，有时略带淡红色。

大花葱 ☀❄❅💧☠

百合科葱属，多年生球根草本。基生叶
宽带形，较长，灰绿色；伞形花序大，
圆球状，具星状小花 50 朵以上，花有
红色或紫红色。

5~7月

5~7月

紫苜蓿 ☀❄❅❆❇💧

豆科苜蓿属，多年生草本。羽状三出复叶，小叶长卵形或倒
长卵形，深绿色；总状花序腋生，有花8~25朵，蝶形，花淡紫、
深蓝或暗紫色。

缬草 ☀❄❅❆❇💧

败酱科缬草属，多年生草本。叶对生，
线形或披针形，全缘；伞房状圆锥花序
生于茎顶或枝顶，花萼内卷，小花白色、
紫色或淡紫红色。

5~7月

红花 ❀❀❀❀◐✕

菊科红花属，一年生草本。革质叶互生，长椭圆形或披针状，叶缘具羽状齿裂，齿端生有针刺；头状花序单生于茎端，小花多红色、橘红色，裂片针形。

5~7月

楼斗菜 ❀❀❀❀◐☠

毛茛科楼斗菜属，多年生常绿草本。一至二回三出复叶，叶柄极长，基部鞘状；总状花序，着花5~15朵，稍倾斜或下垂，叶状萼片、花瓣各5片，倒卵形，基部凹陷，各自下连一个花冠管。

5~7月

萍蓬草 ❀◐

睡莲科萍蓬草属，多年生浮水草本。叶纸质，宽卵形或卵形，亮绿色，背面紫红色；花单独顶生，花冠黄色，花瓣5片，柱头盘黄色略带红色。

5~7月

5~7月

花葱 ❀❀❀❀◐

花葱科花葱属，多年生草本。羽状复叶互生，具小叶11~21枚，长卵形至披针形；聚伞圆锥花序顶生或腋生，花冠淡蓝色，钟状，裂片倒卵形。

天竺葵 ❀◐

牻牛儿苗科天竺葵属，灌木状多年生草本。单叶互生，肾形或近圆形，叶缘波状浅裂，柄较长；伞形花序腋生，多花密集，花瓣白色、红色、橙红色、粉红色等，宽倒卵形。

5~8月

风轮菜 ☀ ❄ ◌ ✗

唇形科风轮菜属，多年生草本。叶对生，近似卵圆形，坚纸质，边缘有圆齿状锯齿，叶柄较短；轮伞花序，多花密集，呈半球形，花冠紫红色，外被柔毛，冠檐二唇形。

5~8月

白掌 ☀ ◌ ☠

天南星科苞叶芋属，多年生常绿草本。叶丛生，细长披针形，基部鞘状抱茎；花葶高出叶丛，肉穗花序圆柱状，绿白色，外包以白色佛焰苞。

5~8月

豇豆 ☀ ◌ ✗

豆科豇豆属，一年生缠绕草本。羽状复叶具小叶3枚，顶生小叶菱状卵形，侧生小叶斜卵形；总状花序腋生，蝶形小花淡紫色。

5~8月

兔耳兰 ☀ ◌

兰科兰属，多年生草本。叶2~4枚，长圆状披针形至狭椭圆形，叶柄较长；花序具花3~8朵，花瓣通常白色至淡绿色，唇瓣疏生紫红色斑点。

5~8月

5~8月

荷包牡丹 ☽✸✸✸✸💧☠

罂粟科荷包牡丹属,多年生草本。叶三角形,二回三出全裂,上表面绿色,背面具白粉;总状花序弯垂,花基部心形,下部囊状,紫红色至粉红色。

非洲菊 ☀✸💧

菊科大丁草属,多年生常绿草本。叶较大,基生,叶披针形羽状浅裂,叶丛莲座状;头状花序单生于花葶顶端,花较大,舌状花颜色丰富,管状花小。

5~8月

5~8月

白花荷包牡丹 ☀✸✸✸✸💧☠

罂粟科荷包牡丹属,多年生草本。叶较多,蕨叶状,二回三出全裂,淡绿色;总状花序拱形,下垂,花基部心形,下部囊状,纯白色。

虎尾草 ☀✸💧

禾本科虎尾草属,一年生草本。叶互生或近对生,倒披针形或长圆状披针形,几无柄;顶生总状花序较长,多弯垂,白色小花密集。

睡莲 ✿ 5~8月 ☀ 💧

　　睡莲科睡莲属，多年生浮水草本。叶椭圆形、卵圆形或近圆形，漂浮于水面，全缘，表面浓绿，背面暗紫或有斑点，叶柄细长的圆柱形；花单生，浮于或挺出水面，具花瓣形绿色萼片4片，花瓣有白色、粉红色、蓝色、蓝紫色或黄色等，通常排成多轮，有时内轮渐变成雄蕊。

弗吉尼亚　　　　　　　　　　　　　　　**多贝**

潘兴将军　　　　　　　　　　　**微白**

火冠

红宝石

微黄

蓝丽

5~8月

5~8月

康乃馨

石竹科石竹属，多年生草本。叶对生，线状披针形，基部短鞘状，中脉明显；花单生于枝端，花冠有紫红、粉红、白、黄及复色等，花瓣扇形，先端具不规则密齿。

青葙

苋科青葙属，一年生草本。叶互生，披针形或条状披针形，绿色常带红色；穗状花序顶生，初开时淡红色，后渐变为白色。

5~8月

5~8月

山桃草

柳叶菜科山桃草属，多年生宿根草本。叶对生，无柄，倒披针形或长圆状披针形；穗状花序顶生，花白色或粉红色，花瓣4片，倒卵形。

京大戟

大戟科大戟属，多年生草本。叶互生，多椭圆形，偶见披针形；花序单生于二歧分枝顶端，杯状总苞顶端4裂，雌花1朵，雄花多数。

5~9月

5~9月

酸浆 ☀❄❋🌢🍴🥢

茄科酸浆属，多年生草本。叶互生，长卵形至阔卵形，有时菱状卵形，两面被柔毛；花单生于叶腋，花萼钟状，花冠五角星辐射状，白色。

草木犀 ☀❋🌢

豆科草木犀属，一年生或二年生草本。羽状三出复叶，小叶长椭圆形至倒披针形，叶缘具疏齿，无毛；总状花序腋生，蝶形黄色小花密集。

5~9月

5~9月

倒提壶 ☀🌢

紫草科琉璃苣属，多年生草本。叶长圆形或披针形，灰绿色，无柄；花序紧密呈圆锥状，花冠一般淡蓝色，偶见白色，花瓣5片，近圆形。

5~9月

大花金鸡菊 ☀❄❋🌢

菊科金鸡菊属，多年生草本。叶对生，狭披针形，黄绿色；头状花序单生于枝端，舌状花黄色，舌片宽大，先端齿裂，管状花黄色。

柳叶马鞭草 ☀❋🌢

马鞭草科马鞭草属，多年生草本。叶基生，柳叶形，具皱褶而抱茎，暗绿色；似圆锥状的伞形花序顶生，花小，筒状，蓝紫色或淡紫红色。

驴蹄草 ☀❋❋❋◐☠

毛茛科驴蹄草属，多年生草本。基生叶 3~7 片，圆肾形、圆形或心形，叶缘密生三角形小齿；茎生叶向上渐小；单歧聚伞花序顶生，倒卵形花萼 5 片，黄色。

刺儿菜 ☀❋❋❋◐✄

菊科蓟属，多年生草本。叶互生，长椭圆形或椭圆状倒披针形，无柄，叶缘具针刺；头状花序直立顶生，管状小花白色或紫红色。

箭叶秋葵 ☀❋❋❋◐

锦葵科秋葵属，多年生草本。叶形多样，卵形、卵状戟形、箭形至掌状 3~5 裂；花单生于叶腋，花红色或黄色，花瓣 5 片，倒卵状长圆形。

黄花菜 ☀❋❋❋◐✄

百合科萱草属，多年生草本。叶基生，细长带状；花茎从叶腋抽出，在茎的顶端分枝并开花；有花 6~10 朵，漏斗状，花被 6 裂，多淡黄色、橘红色。

5~9 月

红车轴草

豆科车轴草属，多年生草本。掌状三出复叶，小叶呈倒卵形或卵状椭圆形，叶面常生有 V 字形白色斑纹；花序球状或卵状，顶生，蝶形小花密集，花冠紫红色至淡红色。

5~10 月

姬岩垂草

马鞭草科过江藤属，多年生草本。单叶对生，卵状披针形，上半部叶缘具疏齿，叶面光滑；花序腋生，小花密集，粉白色，花心黄色。

5~10 月

猴面花

玄参科沟酸浆属，多年生草本，作一年生栽培。叶交互对生，卵圆形，上部略狭；总状花序疏花，花于腋内对生，花冠筒状，外翻呈嘴状，花色有红、白、黄、粉等，花瓣和喉部有紫红色斑块。

5~10 月

大花飞燕草

毛茛科翠雀属，多年生草本。叶互生，掌状分裂，裂片线形，叶柄较长；总状花序，萼片花瓣状，花色有蓝、紫、白、粉等。

白车轴草 ☼ ❋ ❋ ❋ ◌

豆科车轴草属，多年生草本。掌状三出复叶，小叶近圆形，具∨字形白色斑纹，中脉深陷；花序球形，顶生，白色蝶形小花密集。

福禄考 ☼ ◌

花荵科天蓝绣球属，一年生草本。叶对生，长圆形、宽卵形或披针形，全缘无柄；聚伞花序顶生，花冠高脚碟状，颜色鲜艳多样，檐部裂片圆形。

瓷玫瑰 ☼ ◌

姜科火炬姜属，多年生草本。叶互生，两行排列，椭圆状披针形，光滑无毛，深绿色；头状花序顶生，玫红色苞片多数，革质或蜡质，组成球果状，似火炬，顶部唇瓣黄色。

金嘴蝎尾蕉 ☼ ◌

芭蕉科蝎尾蕉属，多年生常绿草本。叶片较大，长圆形，互生，叶面绿色，叶背亮紫色；穗状花序顶生，下垂，花被片深红色，先端绿色。

5~10 月

5~10 月

常夏石竹 ☀️ 💧

石竹科石竹属，多年生宿根草本。叶片较厚，极狭披针形，灰绿色，被白粉；花 2~3 朵生于枝顶，紫红色、粉红色或白色，花瓣 5 片，先端具密齿。

聚合草 ☀️ ❄️ ❄️ 💧

紫草科聚合草属，多年生草本。基生叶略肉质，带状披针形或卵状披针形，叶柄较长；伞房花序具多花，花冠窄钟状，下垂，淡紫色、紫红色或黄白色。

5~10 月

5~10 月

五彩石竹 ☀️ ❄️ ❄️ 💧

石竹科石竹属，多年生宿根草本。叶片披针形，基部渐狭成鞘；多数小花集成头状，花瓣通常红紫色，具白色斑纹，先端齿裂。

半边莲 ☀️ ❄️ ❄️ 💧 🔆

桔梗科半边莲属，多年生草本。叶互生，条形至长圆状披针形，无柄或柄极短；花单生腋生，花冠红紫色或白色，5 片裂片围成半圆状。

梭鱼草 ☀️ ❄️ ❄️ ❄️ 💧

雨久花科梭鱼草属，多年生挺水草本。叶披针形，较光滑，暗绿色；穗状花序顶生，小花密集，花瓣 6 片，蓝色带有黄斑。

5~10 月

锦葵

锦葵科锦葵属，多年生宿根草本。叶互生，圆心形或肾形，掌状 5~7 裂，叶缘具圆齿；花簇生于叶腋，匙形花瓣 5 片，白色或紫红色。

5~10 月

野慈姑

泽泻科慈姑属，多年生挺水草本。叶狭箭形，叶片长短、宽窄变异很大；花序总状或圆锥状，白色花瓣 3 片，阔卵形，喉部具红斑。

5~10 月

慈姑

泽泻科慈姑属，多年生宿根水生草本。叶三角状箭形，叶柄较长；花梗腋出，花序总状，小花白色，花萼、花瓣各 3 片。

5~10 月

茄子

茄科茄属，直立分枝草本或亚灌木。叶较大，卵形或椭圆状卵形，叶缘具圆齿；花单独腋生，较大，花冠辐状，白色、淡紫色或紫色。

5~10月

空心莲子草 ☀ ❀ ◐ ✕

苋科莲子草属，多年生宿根草本。叶对生，长圆形至倒卵状披针形，全缘；头状花序单生于叶腋，球形，花冠白色或略带粉红，裂片长圆形。

5~11月

苦苣菜 ☀ ❀ ❀ ◐ ✕

菊科苦苣菜属，一年生或二年生草本。叶多形，羽状深裂、倒披针形或椭圆形，无柄；头状花序单生或数个排成伞房花序，舌状小花黄色。

5~11月

美女樱 ☀ ❀ ❀ ❀ ◐

马鞭草科马鞭草属，多年生草本。叶对生，狭长圆形，深绿色，叶缘具齿；穗状花序顶生，呈伞房状，小花密集，花筒状花瓣5片，有红色、粉色、白色、复色等。

5~11月

金姜花 ☀ ◐

姜科姜花属，多年生草本。叶片长椭圆状披针形，全缘，叶柄较短；穗状花序顶生，小花密生，花瓣3片，边缘浅黄色，心部金黄色，花柱伸长外露。

5~11月

6月

小冠花 ☼ ❀ ❀ ◉

豆科小冠花属，多年生草本。奇数羽状
复叶，小叶长卵形，全缘；伞形花序
腋生，花序梗较长，蝶形花粉红色或淡
红色。

野豌豆 ☼ ❀ ◉ ✗

豆科野豌豆属，多年生草本。偶数羽状复叶互生，具小叶
5~7对，长圆状披针形或长卵圆形，叶轴顶端生有发达的卷须；
短总状花序腋生，蝶形花红色或淡紫色。

5~11月

龙胆 ☼ ❀ ❀ ◉

龙胆科龙胆属，多年生草本。叶片对生，
卵状披针形或卵形，主脉 3~5 条；单花
顶生或腋生，花冠蓝紫色，筒状钟形，
花瓣卵形，先端骤尖，裂片间有褶。

5~11月

6月

天蓝绣球 ☼ ❀ ❀ ◉

花葱科天蓝绣球属，多年生草本。叶对
生，柄短或无柄；伞房状圆锥花序顶生，
小花密集，花冠高脚碟状，檐部 5 裂，
裂片卵圆形，白色、淡红色或紫红色。

独尾草 ☼ ❀ ❀ ◉

百合科独尾草属，多年生草本。叶细长条形，基生；总状花
序较长，小花密集；花被白色，窄钟状，花瓣 6 片，长椭圆形。

6月

麝香锦葵 ✿ ❀ ❀ ❀ ❀ ◊

锦葵科锦葵属，多年生草本。叶互生，掌状 5~7 深裂或浅裂；穗状花序，花数朵簇生于叶腋，有独特的麝香气，花冠茶盘状，粉红色，花瓣 5 片，先端平截或浅凹，脉纹明显。

6月

一串红 ✿ ❀ ◊

唇形科鼠尾草属，多年生草本，常作一年生栽培。叶对生，卵圆形，暗绿色，叶缘有齿，无被毛；总状花序顶生，小花 2~6 朵，轮生，花长管状，猩红色，排列繁密。

6~7月

异蕊草 ✿ ❀ ◊

百合科异蕊草属，多年生草本。叶细条形或近扁丝状；伞形花序顶生，花紫色，花被片 6 片，近矩圆形，内三片比外三片稍狭且边缘有流苏状齿。

6~7月

6~7月

香水百合

百合科百合属，多年生球根草本；叶散生，长圆状披针形或披针形，光滑无毛；花冠漏斗形，花瓣6片，纯白色。

宿根亚麻

亚麻科亚麻属，多年生宿根草本。单叶互生，浅绿色，线形至披针形；圆锥花序顶生，花宽漏斗状，蓝紫色或淡蓝色，花瓣5片，倒卵形。

6~7月

6~7月

二叶舌唇兰

兰科舌唇兰属，多年生草本。2枚大叶基生，近对生，椭圆形；总状花序顶生，直立，花较大，绿白色或白色，花瓣狭披针形，唇瓣舌状，肉质。

狐尾百合

百合科百合属，多年生球根草本。叶散生，细长线形，无柄；单花或总状花序顶生，花冠漏斗形，乳黄色、粉红色或白色，常俯垂。

绣球小冠花 ☀ ❄ ❄ 💧

豆科小冠花属，多年生草本。羽状复叶，具小叶 5~12 对，小叶薄纸质，长椭圆形；伞形花序腋生，小花密集呈绣球状，淡红色、紫色或白色。

花叶艳山姜 ☀ 💧

姜科山姜属，多年生草本。叶长椭圆形，两端渐尖，具金黄色斑纹；总状花序下垂，花白色，具紫晕，唇瓣黄色，花筒具红色或褐色条纹。

有斑百合 ☀ ❄ 💧 ✕

百合科百合属，多年生球根草本。叶散生于茎秆中下部，条形或条状披针形，无毛，无叶柄；花单生或几朵集成总状花序，花深红色，花瓣 6 片，一般有褐色斑点。

仙履兰 ☀ ❄ ❄ 💧

兰科杓兰属，多年生常绿草本。叶 3~4 枚，卵状椭圆形或椭圆形；花单生，苞片叶状，紫红色，花瓣线状披针形，唇瓣深囊状，黄色。

6~7月

6~7月

蒺藜 ☀❄💧☠

蒺藜科蒺藜属，一年生或多年生草本。叶偶数羽状复叶，具小叶 5~7 对，长圆形，密被柔毛；花单生于叶腋，小花杯状，金黄色。

松果菊 ☀❄❄💧

菊科松果菊属，多年生草本。叶卵形或卵状披针形；头状花序单生于枝顶，舌状花一轮，紫红色、粉红色或白色，中心的管状花棕黄色，凸起呈圆球型，似松果。

6~7月

山苦荬 ☀❄❄💧✗

菊科苦荬菜属，多年生草本。叶条状披针形或倒披针形，全缘或叶缘具齿，基部抱茎，灰绿色；头状花序顶生，舌状花黄色、淡黄色、白色等。

6~7月

6~7月

大野豌豆 ☀❄❄💧

豆科野豌豆属，多年生草本。偶数羽状复叶，叶轴顶端生卷须，卵圆形小叶 3~6 对；总状花序，蝶形小花密集，白色、淡紫色或粉色。

鬼罂粟 ☀❄❄💧

罂粟科罂粟属，多年生草本。叶卵形至披针形，二回羽状深裂绿色，被刚毛；花单独顶生，花瓣 4~6 片，宽倒卵形或扇形，颜色多变，喉部深褐色。

6~7月

麝香百合 ☼ ❋ ❋ ◊

百合科百合属，多年生球根草本。叶散生，长圆状披针形或披针形，光滑无毛，深绿色；总状花序，着生1~6朵花，花冠喇叭形，白色，芳香，花药锈红色。

6~7月

黑种草 ☼ ❋ ❋ ◊

毛茛科黑种草属，一年生草本。叶互生，二至三回羽状深裂，裂片较细；花单生于枝顶，花浅碟状，淡蓝色，渐变为天蓝色，也有白色和粉色花。

6~7月

虎皮花 ☼ ◊

鸢尾科虎皮花属，多年生草本。叶片宽条形，无叶柄；花正面为三角形，花瓣6片，外轮3片大，红色、粉色或白色等，内轮3片较小且具紫色、红色或褐色斑点。

6~7月

小茴香 ◊

伞形科小茴香属，一年生或二年生草本。叶互生，三至四回羽状复叶，叶柄很长，基部成鞘状抱茎；伞形花序顶生，花较小，花瓣4~5片，黄色宽卵形。

6~7月

6~7月

费菜

景天科景天属，多年生草本。叶片近革质，较厚实，狭披针形或椭圆状披针形；多花密集组成顶生的聚伞花序，花冠黄色，花瓣 5 片，长圆形至椭圆状披针形。

土人参

马齿苋科土人参属，多年生草本。叶互生，扁平，肉质，倒卵形或倒卵状长椭圆形；圆锥花序顶生或侧生，多分枝，花较小，花瓣 5 片，倒卵形或椭圆形，浅紫红色。

6~7月

芹叶牻牛儿苗

牻牛儿苗科牻牛儿苗属，一年生或二年生草本。叶对生，二回羽状复叶，披针形或矩圆形；伞形花序腋生，有花5~10 朵，花瓣紫红色，倒卵形。

6~7月

6~7月

鬼灯檠

虎耳草科鬼灯檠属，多年生草本。基生叶为掌状复叶，有小叶 5~7 枚；茎生叶互生，较小；圆锥花序顶生，无花瓣，有白色花萼 5~7 片，近卵形。

黄豆

豆科大豆属，一年生草本。羽状复叶通常具 3 小叶，小叶纸质，宽卵形；总状花序腋生，小花淡紫色、紫色或白色。

繁缕 ✿ ❄ ❄ ❄ ◐ ✕

石竹科繁缕属，一年生草本。叶宽卵形或心形，顶端渐尖或急尖，基部近心形，全缘；花单生于叶腋或组成顶生的聚伞花序，花瓣5片，白色，长卵状，深2裂达基部。

贝壳花 ✿ ❄ ❄ ◐

唇形科贝壳花属，一年生或二年生草本。叶对生，淡绿色，心状圆形，边缘生疏齿；穗状花序，花萼小喇叭形，小花白色，冠檐唇形，6朵轮生。

紫萼 ✿ ❄ ❄ ❄ ◐ ✕

百合科玉簪属，多年生草本。基生叶卵状心形、卵形至卵圆形，有侧脉7~11对；总状花序顶生，花冠淡紫色或紫红色，钟状。

牛蒡 ✿ ❄ ❄ ❄ ◐ ✕

菊科牛蒡属，二年生草本。基生叶宽卵形有长柄，茎生叶与基生叶同形而渐小，皆密被灰白色短绒毛；多个头状花序在茎顶端排成疏松的伞房花序，管状花紫红色。

6~8月

6~8月

金纽扣 ❀💧☠️

菊科金纽扣属，多年生草本。单叶对生，广卵形或心形，叶缘具浅粗齿；头状花序顶生或腋生，小花深黄色，舌状花一轮，极短小，管状花棕色。

决明 ❀❅💧✂️

豆科决明属，一年生亚灌木状草本。偶数羽状复叶对生，具膜质小叶 3 对，小叶倒卵形；花通常成对腋生，花冠黄色，花瓣 5 片，倒卵形。

6~8月

6~8月

虎耳兰 ❀💧

石蒜科虎耳兰属，多年生常绿草本。叶对生，4~6 片集于基部，宽舌状，被微毛；伞形花序顶生，花小，约 50 朵以上，密集，白色花瓣线形。

姜花 ❀💧

姜科姜花属，多年生草本。叶长圆状披针形，浓绿色，基部鞘状抱茎；穗状花序顶生，花着生于苞片内，白色，花冠管纤细，花瓣匙形，瓣柄细长。

大尾摇 ☀ ◌

紫草科天芥菜属，一年生草本。叶对生或互生，卵形至长圆状卵形，微被毛；穗状花序顶生或与叶对生，小花白色或浅蓝色。

随意草 ☀ ❋ ❋ ◌

唇形科随意草属，多年生宿根草本。叶对生，亮绿色，长椭圆形至披针形，叶缘具齿；总状花序顶生，较长，小花唇形，花有紫红色、白色、粉色等。

绒叶闭鞘姜 ☀ ◌

姜科闭鞘姜属，多年生宿根草本。叶长椭圆形或披针形，先端具短突尖，质厚有光泽；穗状花序顶生，苞片覆瓦状排列，花瓣淡黄色，唇瓣具明显紫红斑纹。

6~8月

红蕉

芭蕉科芭蕉属，多年生草本。叶长圆形，黄绿色，叶柄极长；穗状花序顶生，直立，苞片外面鲜红色，内面粉红色，小花乳黄色。

6~8月

飞燕草

毛茛科飞燕草属，一、二年生草本。叶掌状全裂，青绿色，疏被长绒毛；穗状花序顶生，具花3~15朵，花蓝色或紫蓝色，花冠管较长，花瓣5片。

6~8月

王莲

睡莲科王莲属，一年生或多年生大型浮叶草本。叶片巨大圆形，叶缘90度向上翻折，漂浮于水面；花单生，初为白色，次日淡红色至深红色，第三日闭合，沉入水中。

6~8月

一串蓝

唇形科鼠尾草属，一年生草本。叶对生或似轮生，长披针形至卵圆形，叶缘具齿；总状花序顶生，深蓝色唇形花密集，花萼长圆状钟形。

铁兰 ☀ ✕

凤梨科铁兰属，多年生常绿草本。叶基生，细长条形，莲座式排列，深绿色，基部鞘状；穗状花序，扁平，浆状，苞片2列对生互叠，玫红色，花漏斗状，深紫色。

满天星 ☀ ❋ ❋ ❋ ◉ ✕

石竹科石头花属，多年生宿根草本。叶线状披针形或披针形，暗绿色，中脉明显；圆锥状聚伞花序顶生或腋生，小花密集，淡红色或白色，花瓣匙形，有单瓣和重瓣。

十万错 ☀ ◉

爵床科十万错属，多年生草本。叶对生，多皱缩，狭披针形，叶柄较短；总状花序，顶生和侧生，花冠白色微带红晕或紫晕，冠檐5裂，裂片略不等大。

大花绿绒蒿 ❋ ❋ ❋ ❋ ◉

罂粟科绿绒蒿属，多年生草本。叶丛莲座状，叶基生，长椭圆形，叶缘具疏齿；花通常腋生，花冠杯状，稍俯垂，深蓝色花瓣4片。

节茎石仙桃 ❋ ❋ ❋ ◉

兰科石仙桃属，多年生草本。叶2枚，暗绿色略带紫，倒卵状椭圆形；总状花序，小花白色而略带淡红，花瓣长圆状披针形。

6~8月

手参 ☀ ❀ ❀ ◌

兰科手参属，多年生草本。叶片狭长圆形或细长带形，嫩绿色；总状花序直立，多花密集，小花粉红色，花瓣斜三角形卵状，唇瓣宽倒卵形，前伸。

6~8月

大花楼斗菜 ☀ ❀ ❀ ❀ ◌ ☠

毛茛科楼斗菜属，多年生草本。叶片多二回三出复叶；总状花序腋生，着花5~15朵，下垂至平展，萼片5片，花瓣状，花瓣5枚，卵形，有深红、蓝、白、紫等色，各自下连一个花冠管。

6~8月

颠茄 ☀ ◌

茄科颠茄属，多年生草本。叶阔卵形或卵状椭圆形，全缘，先端渐尖，叶脉显著；花单生于叶腋，花冠筒状钟形，下部黄绿色，上部紫褐色，冠檐5浅裂。

6~8月

芒柄花 ☀ ❀ ❀ ❀ ◌

豆科芒柄花属，多年生草本。上部常为单叶，中下部为羽状三出叶；轮伞花序，蝶形花1~2朵腋生，花冠淡红色，稀见白色。

6~8月

山羊豆 ☀ ❀ ❀ 💧

豆科山羊豆属，多年生草本。羽状复叶，小叶 5~10 对，近对生，披针形；总状花序腋生及顶生，蝶形小花密集，淡蓝色、白色或桃红色。

6~8月

肥皂草 ☀ ❀ ❀ 💧

石竹科肥皂草属，多年生草本。单叶对生，长圆状披针形，暗绿色；聚伞花序顶生，花瓣有单瓣及重瓣，花冠淡红色、鲜红色或白色，花瓣 5 片。

6~8月

茼蒿 ☀ ❀ ❀ 💧

菊科茼蒿属，一年生草本。叶互生，二回羽状深裂或浅裂，裂片线形或窄卵形；头状花序顶生，舌状花黄色或黄白色。

6~8月

6~8月

翠菊 ☀ 💧

菊科翠菊属，一年生或二年生草本。叶片互生，上部叶卵形，下部叶匙形，叶缘具粗齿，中绿色；头状花序单生枝顶，舌状花颜色丰富，管状花黄色。

舟形乌头 ☀ ❀ ❀ ❀ 💧 ☠

毛茛科乌头属，多年生草本。叶互生，长卵形，边缘具浅齿，绿色；总状花序着生茎顶，花形奇特，萼片蓝紫色，上萼片高盔状，侧萼片倒卵圆形，花瓣无毛，有长爪。

6~8月

6~8月

波斯菊 ☀ ◌ ✕

菊科秋英属，一年生或多年生草本。叶对生，二回羽状深裂，裂片线形；头状花序单生，碗状或碟状，舌状花粉红色、紫红色或白色，花瓣椭圆状倒卵形，先端3~5浅齿，管状花黄色。

蚤缀 ☀ ◌ ◌ ◌

石竹科无心菜属，一年生或二年生草本。叶卵形，叶缘有毛，无柄；聚伞花序具多花，花白色，花瓣5片，倒卵形，先端圆钝。

6~8月

6~8月

天人菊 ☀ ◌ ◌ ◌

菊科天人菊属，一年生草本。叶互生，倒披针形或匙形，叶缘具钝齿或浅裂；头状花序顶生，舌状花黄色，基部红褐色，管状花深褐色。

毛蕊花 ☀ ◌ ◌ ◌

玄参科毛蕊花属，二年生草本。叶长圆状倒披针形，叶缘具浅圆齿，密被灰白色绵状毛；似穗状的总状花序较长，圆柱状，多花密集，花碟形，黄色。

6~8月

蜀葵 ☀ ❀ ❉ ⬥ ✂

锦葵科蜀葵属，多年生草本。叶互生，近圆心形，掌状5~7裂，触感粗糙；总状花序，花单生于叶腋或近簇生，花较大，有红、白、紫、黄、粉红及黑紫等颜色。

6~8月

花生 ☀ ⬥

豆科落花生属，一年生草本。羽状复叶通常具小叶2对，小叶多为长卵形；花单生或簇生叶腋，花冠蝶形，黄色或金黄色。

6~8月

新几内亚凤仙 ☀ ⬥

凤仙花科凤仙花属，多年生常绿草本。叶卵状披针形，互生或有时轮生，主脉红色；花单生或数朵组成伞房花序，花扁平，有桃红、粉红、橙红等色，花瓣倒心形。

6~8月

柳叶菜 ☀ ❀ ❉ ⬥ ✂

柳叶菜科柳叶菜属，多年生草本。叶椭圆状披针形至狭长披针形；总状花序直立，花瓣多紫红色、粉红色或玫瑰红色，宽倒心形；花柱较长，柱头白色4深裂。

6~8月

马鞭草 ☀ ❋ ❋ ❋ ◌ ✕

马鞭草科马鞭草属，多年生草本。叶对生，基生叶边缘多粗锯齿，茎生叶近乎无柄，多数 3 深裂；穗状花序顶生和腋生，小花淡紫色或蓝色，微呈二唇形。

6~8月

番茄 ☀ ◌ ✕

茄科番茄属，一年生或多年生草本。叶为单数羽状复叶或羽状深裂，小叶卵形或长圆形；聚伞花序，小花 3~7 朵簇生，花冠辐状，花瓣 5 片，黄色。

6~8月

金莲花 ☀ ❋ ❋ ❋ ◌ ✕

毛茛科金莲花属，多年生草本。叶五角形，3 全裂；叶缘生有锐锯齿；花单独顶生或 2~3 朵组成稀疏的聚伞花序。

6~8月

屈曲花 ☀ ❋ ❋ ❋ ❋ ◌

十字花科屈曲花属，二年生草本。叶对生，披针形至匙形，边缘有锯齿；总状花序顶生，呈拱球形，芳香；花较小，白色或淡紫色，有花瓣 4 片，十字形排列。

6~8月

麦仙翁 ☀ ❋ ❋ ❋ ❋ ◌ ☠

石竹科麦仙翁属，一年生草本。叶线状披针形或线形，基部抱茎，顶端渐尖，中脉明显；花单生枝端，花粉红色至紫红色，花瓣 5 片，倒卵状，先端微凹。

向日葵 ☀ ❄ ❄ ❄ 💧 🛠

菊科向日葵属，一年生草本。叶片阔卵形，多互生，叶缘具齿，触感粗糙；头状花序单生，舌状花黄色，管状花棕色或紫色。

野韭菜 ☀ ❄ ❄ ❄ 🛠

百合科葱属，多年生草本。叶带状扁平，深绿色，叶背具明显突起的中脉；伞形花序，花白色或微带红晕，花瓣披针形至长圆形。

薤白 ☀ ❄ ❄ ❄ 💧 🛠

百合科葱属，多年生球根草本。叶基生，细长线形，叶端渐尖，基部鞘状；伞形花序顶生，花冠淡粉色或淡紫色，花瓣6片，长圆状披针形至长圆状卵形。

醴肠 ☀ ❄ 💧

菊科醴肠属，一年生草本。叶对生，条状披针形或椭圆状披针形，全缘或有细齿；头状花序腋生或顶生，舌状花白色，管状花淡黄色。

大车前 ☀ ❄ ❄ ❄ 💧 🛠

车前科车前属，一年生或多年生草本。基生叶呈莲座状排列，叶片卵圆形；穗状花序呈细圆柱状，小花密生，花冠绿白色或淡紫色，裂片披针形。

6~8月

商陆 ☼ ❋ ❋ ❋ ◐

商陆科商陆属，多年生草本。叶片互生，长椭圆形或卵状椭圆形；总状花序直立，顶生或侧生，多花密集；花冠白色或淡红色，花瓣5片，卵形或椭圆形。

6~8月

6~8月

琉璃菊 ☼ ❋ ❋ ❋ ❋ ◐

菊科琉璃菊属，多年生常绿草本。叶自根部抽出，狭披针形，莲座状；头状花序顶生，花形似矢车菊，花瓣细裂丝状，淡紫蓝色或淡紫红色。

紫斑喜林草 ☼ ❋ ❋ ❋ ❋ ◐

水叶草科粉蝶花属，一年生草本。叶倒卵形，浅裂，翠绿色；花较小，碗状，白色花瓣5枚，先端各有一紫色斑点。

🌼 6~8月

🌼 6~8月

粉蝶花 ☀❄❄❄❄💧

水叶草科粉蝶花属，一年生草本。叶倒卵形，羽状浅裂，灰绿色；小花单独顶生，碗状，花瓣 5 枚，淡蓝色，喉部白色。

粉芭蕉 ☀💧

芭蕉科芭蕉属，多年生常绿草本，又称美粉芭蕉。叶桨状，长椭圆形，被蜡质，蓝绿色；花直立，橙黄色，苞片淡粉红色。

🌼 6~8月

🌼 6~8月

羽衣草 ☀❄❄❄❄💧

蔷薇科羽衣草属，多年生草本。叶片心状圆形，先端 7~9 浅裂，叶缘有细齿；伞房状聚伞花序，花较小，淡绿色至黄色，萼片三角状卵形。

洋桔梗 ☀💧

龙胆科洋桔梗属，一年生或二年生草本。叶对生，卵形，灰绿色；花冠漏斗状，有单瓣和重瓣之分，花被片粉红色、蓝色、淡紫色或白色。

6~8月

6~8月

垂笑君子兰 ☼ ◊

石蒜科君子兰属，多年生常绿草本。基生叶带状，深绿色，质较厚；伞形花序顶生，小花狭漏斗形，稍下垂，有6片花瓣，橙黄色、橙红色或深红色等。

柳穿鱼 ☼ ❋ ❋ ◊

玄参科柳穿鱼属，多年生草本。叶片条状披针形或条形，羽状叶脉，多皱缩；总状花序顶生，多数小花密集，花冠黄色，喉部橘黄色，冠檐二唇形。

6~8月

6~8月

魔芋 ☼ ❋ ◊

天南星科魔芋属，多年生草本。羽状复叶互生，小叶长圆状椭圆形，全缘；花葶从块茎顶部抽出，佛焰苞大，喇叭状，暗紫色，带褐色斑纹，肉穗花序短圆柱形，紫红色，有臭气。

蛇莓 ☼ ❋ ❋ ◊

蔷薇科蛇莓属，多年生草本。叶菱状长圆形或倒卵形，被柔毛，叶缘具钝齿；花单生于叶腋，花冠黄色，花瓣倒卵形，先端圆钝。

6~8月

五色苋 ☼ ❀ ◊

苋科莲子草属，多年生草本。单叶较小，对生，椭圆状披针形，紫褐色、红色或绿色带彩斑；头状花序球形，腋生或顶生，小花白色。

6~8月

绒缨菊 ☼ ❀ ◊

菊科一点红属，一年生草本。叶长圆形、披针形或近匙形，灰绿色，基部抱茎，自下而上叶渐小；头状花序顶生，多个花序在茎端排成稀疏伞房状，小花花冠腥红色、橙色至红色。

6~8月

大岩桐 ☼ ◊

苦苣苔科大岩桐属，多年生草本。叶片较大，对生，卵圆形，绿色且被绒毛；花顶生或腋生，花冠钟状，下垂，5~6浅裂，有紫色、红色或白色等。

6~8月

车前叶蓝蓟 ☀ ❋ ❋ ◌ ☠

紫草科蓝蓟属，一年生草本。叶子较大，长14厘米，被槽伏毛；花为蓝紫色，钟状，生于茎顶或穗状侧枝顶端，雄蕊较长，伸出花冠。

6~8月

网球花 ◑ ◌

石蒜科网球花属，多年生球根草本。叶3~4枚，长圆形，叶脉显著，叶柄较短；伞形花序顶生，红色小花稠密，花被管细圆筒状，花被裂片线形。

6~8月

花烟草 ☀ ❋ ◌

茄科烟草属，一年生草本。基生叶匙形，茎生叶矩圆形或长圆披针形，绿色；总状花序或圆锥花序，花冠淡绿色、白色、粉红色或绯红色，高脚碟状，檐部5裂，裂片卵形，中脉明显。

6~8月

紫花苞舌兰 ◑ ◌

兰科苞舌兰属，多年生草本。叶细长带状，质地纤薄，淡绿色，略外翻；总状花序较短，苞片紫色卵形，小花紫色，花舌黄色。

6~8月

6~8月

千鸟草

毛茛科翠雀属，一年生草本。叶互生，疏被柔毛，无柄或具长柄；总状花序顶生，较疏散，花亮蓝色、蓝紫色或粉红色。

延胡索

罂粟科紫堇属，多年生球根草本。叶二回三出或近三回三出，小叶三裂或三深裂；总状花序疏散，具花 5~15 朵，苞片卵形，花冠紫红色。

6~8月

6~8月

巴西鸢尾

鸢尾科巴西鸢尾属，多年生草本。叶基生，细长条状，暗绿色，革质；单花顶生，3 片外翻的白色苞片，基部具褐色斑块，3 片内卷的蓝紫色花瓣，具白色斑纹。

海石竹

白花丹科海石竹属，多年生常绿宿根草本。叶丛莲座状，叶片细长线形，深绿色；头状花序顶生，球形，花小而多，白色至红色。

荷花 ✿ 6~9月 ☀ ◌ ✕

　　莲科莲属，多年生水生草本。叶片硕大，盾状圆形，直径 25~90 厘米，表面深绿色，背面灰绿色，波状全缘；叶柄粗且长，圆柱形，中空，有小刺；花梗和叶柄约等长，也散生小刺；花单生于花梗顶端，高出水面，花朵较大，有芳香，花色有粉红、深红、黄色、白色、淡紫色等变化。

荧光

重水华

迎宾芙蓉

火花

金合欢

小桃红

锦旗

红碗莲

桌上莲

飞天

6~9月

6~9月

舞花姜 ❀ ◐

姜科舞花姜属，多年生常绿草本。叶长
圆形或披针形，无柄或柄极短；圆锥花
序顶生，较长，下垂，小花管状，黄色，
苞片红紫色，反卷。

油点草 ❀ ❀ ❀ ◐

百合科油点草属，多年生草本。叶互生，卵状椭圆形，无柄，
疏被短毛；二歧聚伞花序顶生或腋生，花钟状，花瓣粉红色
或白色，密生紫褐色或红色斑点。

6~9月

雪绒花 ❀ ❀ ❀ ❀ ◐

菊科火绒草属，多年生草本。叶狭披针
形，边缘平或波状反折，被白色绒毛；
头状花序较小，花银白色，被花瓣状肉
质苞叶包围。

6~9月

6~9月

芙蓉葵 ❀ ❀ ❀ ◐

锦葵科木槿属，多年生草本。单叶较大，
互生，广卵形，叶背密生灰毛；花单生
于叶腋，较大，花冠杯状，有白色、粉色、
红色、紫色等。

落新妇 ❀ ❀ ❀ ◐

虎耳草科落新妇属，多年生草本。二至三回三出羽状复叶，
小叶菱状椭圆形或卵形，先端渐尖，边缘有齿；圆锥花序顶生，
小花密集，紫红色或淡紫色。

6~9月

6~9月

月见草 ☀❄❄💧

柳叶菜科月见草属，一年生或二年生草本。叶椭圆形或倒披针形，叶缘疏生钝齿，两面被毛；穗状花序，花冠杯状，花瓣4片，黄色，宽倒卵形，先端微缺。

醉蝶花 ☀❄💧✖

白花菜科醉蝶花属，一年生草本。掌状复叶，具小叶5~7枚，小叶长圆状披针形；总状花序顶生，花密集，花瓣披针形，向外反卷，有淡粉红色、白色、红色等。

6~9月

菖蒲 ☀❄❄💧☠

天南星科菖蒲属，多年生湿生草本。基生叶较大，剑状线形，亮绿色，中脉明显隆起；肉穗花序细圆柱形，花淡紫色、粉色、淡黄色等，花被片具脉纹。

6~9月

6~9月

马铃薯 ☀❄💧✖

茄科茄属，多年生草本。单数羽状复叶，具小叶5~9对，小叶长圆形；伞房花序顶生或侧生，花冠辐状，白色或淡蓝紫色。

头花蓼 ☀❄❄💧

蓼科蓼属，多年生草本。叶卵形或椭圆形，疏生腺毛，有时具黑褐色斑点，全缘；头状花序顶生，小花淡红色，花被5深裂，裂片椭圆形。

6~9月

瞿麦 ☼ ❀ ❀ ❀ ◖

石竹科石竹属，多年生草本。叶对生，线状披针形，中脉明显，基部呈鞘状；花单生或成疏聚伞花序，花冠淡红色或粉紫色，花瓣宽倒卵形，顶端细裂。

6~9月

六倍利 ☼ ❀ ◖

桔梗科半边莲属，多年生草本。单叶对生，匙形、倒披针形或宽线形；花顶生或腋生，花冠淡蓝色、紫红色、粉色等，上面2片花瓣小，下面3片花瓣大。

6~9月

高山瞿麦 ☼ ❀ ❀ ❀ ◖

石竹科石竹属，多年生草本。叶片线状披针形，先端渐尖，基部抱茎，绿色或略带粉绿色；花顶生或腋生，苞片宽卵形，花瓣阔倒卵形，淡红色或淡紫色。

6~9月

千屈菜 ☼ ❀ ❀ ❀ ◖ ✤

千屈菜科千屈菜属，多年生草本。叶对生或3叶轮生，狭披针形或阔披针形，全缘，无柄；穗状花序顶生，数朵簇生于叶状苞片腋内，花冠紫色或红紫色。

6~9月

紫斑风铃草 ☀ ◐

桔梗科风铃草属，多年生草本。叶心状卵形或三角状卵形；总状花序顶生，花冠钟状，下垂，粉色或白色，内部多紫斑。

6~9月

百日菊 ☀ ◐

菊科百日菊属，一年生草本。叶长圆状卵形或披针形，触感粗糙；头状花序单独顶生，舌状花扁平，反卷或扭曲，常多轮呈重瓣，有深红色、玫瑰色、金黄色或白色等，有基瓣具色斑和双色品种。

6~9月

土木香 ☀ ❄ ❄ ◐

菊科旋覆花属，多年生草本。叶长圆状披针形或卵状披针形，基部抱茎或有柄；头状花序排成疏伞房花序，舌状花黄色，花瓣线形，管状花黄色。

6~9月

马薄荷 ☀ ❄ ❄ ◐ ✕

唇形科美国薄荷属，多年生草本。叶对生，卵状披针形或长卵形，叶缘具齿；轮伞花序具多花，簇生茎顶或腋生，淡紫红色、粉红色、白色，二唇形。

6~9月

毛连菜 ☀ ❄ ❄ ◐

菊科毛连菜属，一年生或二年生草本。叶长椭圆形或倒披针形，全缘或叶缘有齿，无叶柄；多个头状花序排成伞房花序，顶生，舌状小花黄色，顶端截平。

6~9月

夏堇 ☀ 💧

玄参科蝴蝶草属，一年生草本。叶对生，卵状披针形，叶缘具齿，淡绿色，秋季变红；总状花序腋生或顶生，唇形花深蓝紫色、紫红色、白色，喉部具黄斑。

6~9月

柳兰 ☀ ❄ ❄ 💧

柳叶菜科柳兰属，多年生草本。叶互生，近基部对生，长披针状至倒卵形；花序很长，总状直立，花冠粉红色至紫红色，花瓣4片，上面2片略大，倒卵形。

6~9月

白苞舞花姜 ☀ 💧

姜科舞花姜属，多年生常绿草本。叶披针形或长圆状披针形，柄极短或无柄；圆锥花序较长，顶生，下垂，小花管状，黄色，苞片纯白色，缠绕反卷。

银叶菊 ☀ ❋ ◐

菊科千里光属,多年生草本。叶卵形,一至二回羽状深裂,质地较薄,正反面均被银灰色柔毛;头状花序单生枝顶,花较小,黄色。

水金英 ☀ ◐

花蔺科水罂粟属,多年生浮水草本。叶漂浮,簇生于茎上,卵形至近圆形,中绿色,具长柄;花单生,似罂粟状,花瓣3片,黄色,花梗较长。

香青 ☀ ❋ ❋ ❋ ◐

菊科香青属,多年生草本。叶倒披针长圆形或线形,叶基下延成狭翅;多数头状花序密集成复伞房状,总苞片乳白色,雌株花序有多层雌花,中央有几个雄花;雄株花序全部为雄花。

千日红 ☀ ❋ ◐

苋科千日红属,一年生草本。叶纸质,矩圆形或椭圆状披针形,被灰色柔毛;头状花序顶生,圆球形,紫红色、淡紫色或白色,花被片披针形。

6~9月

大花马齿苋 ☀ ◌

马齿苋科马齿苋属，一年生草本。肉质
小叶簇生于枝端或不规则互生，无被毛；
花单生或数朵簇生，花冠杯状，单瓣或
重瓣，有红色、黄色、紫红色或白色。

6~9月

甘遂 ☀ ❋ ◌

大戟科大戟属，多年生草本。叶互生，狭披针形至线状披针形，
无柄，全缘；聚伞花序顶生，总苞呈陀螺状，腺体黄色，新月形；
雄花多数，雌花1朵，位于雄花中央。

6~9月

一年蓬 ☀ ❋ ❋ ◌ ✕

菊科飞蓬属，一年生或二年生草本。基
生叶宽卵形或长圆形，顶端尖或钝，叶缘
具粗齿，茎生叶披针形；头状花序，舌状
花平展，白色或略带紫色，管状花黄色。

6~9月

冬葵 ☀ ❋ ❋ ◌ ✕

锦葵科锦葵属，一年生或二年生草本。
叶互生，圆肾形，掌状 5~7 浅裂，裂片
三角状，叶缘生细锯齿；花单生或数朵
簇生于叶腋，白色或淡红色。

6~9月

鼠尾草 ☀ ❋ ◌ ✕

唇形科鼠尾草属，多年生草本。叶卵状披针形或广椭圆形，
被短绒毛；多个轮伞花序组成伸长的总状花序，花冠淡粉红
色、淡蓝色、淡紫色至白色，冠檐二唇形。

6~9月

6~9月

红蓼

蓼科蓼属，一年生草本。叶互生，卵状披针形或宽卵形，两面疏生短柔毛，全缘；总状花序顶生或腋生，多花密集呈穗状，小花白色或淡红色，花被5深裂。

长裂苦苣菜

菊科苦苣菜属，一年生草本。叶卵形或倒披针形，羽状深裂或浅裂，光滑无毛；头状花序排成疏散的伞房状花序，舌状小花金黄色。

6~9月

6~9月

益母草

唇形科益母草属，一年生或二年生草本。茎下部叶多卵形，茎中上部叶菱形，掌状3裂；轮伞花序腋生，小花淡紫红色或粉红色，冠檐二唇形。

藿香

唇形科藿香属，多年生草本。纸质叶对生，卵状心形至长圆状披针形，叶缘具粗齿；轮伞花序呈圆筒形穗状，小花淡紫蓝色或红色。

6~9月

6~9月

黄木犀草 ☀❄❄❄💧

木犀草科木犀草属，一年生草本。叶纸质，卵形，羽状分裂或 3~5 深裂；总状花序顶生，花黄色或黄绿色，星状，花瓣通常 6 片。

飞廉 ☀❄❄❄💧

菊科飞廉属，二年生草本。叶互生，长圆状披针形，羽状深裂，裂片边缘具刺；头状花序着生于枝顶，总苞钟形，管状花紫红色，花瓣线形。

6~9月

矢车菊 ☀❄❄❄💧

菊科矢车菊属，一年生或二年生草本。叶披针形，灰绿色，羽状分裂；头状花序排成伞房花序或圆锥花序，边花亮蓝色，檐部 5~8 裂，盘花管状。

6~9月

6~9月

紫芳草 ☀💧

龙胆科紫芳草属，多年生常绿草本。叶心形或卵形，深绿色，有光泽；聚伞花序，花小，碟形或盘状，淡紫色或白色，雄蕊鲜黄色，有香味。

硫华菊 ☀💧

菊科秋英属，一年生草本。叶对生，二回羽状复叶，叶片深裂，裂片披针形，叶缘粗糙；舌状花黄色、金黄色或橙红色，单瓣或重瓣。

旱金莲 ☼ ◐ ✕

旱金莲科旱金莲属，多年生蔓性草本。叶具长柄，互生，盾形或圆肾形，叶脉放射状；花单生于叶腋，有长柄，花瓣 5 片，近圆形，橙红色或黄色。

紫露草 ❀ ❄ ❄ ◐

鸭跖草科紫露草属，多年生草本。单叶互生，细长线形或极狭披针形，基部抱茎；伞形花序顶生，披针形小萼片 3 片，绿色，广卵形花瓣 3 片，紫色。

曼陀罗 ☼ ◐ ☠

茄科曼陀罗属，一年生草本。叶互生或对生，宽卵形至卵形，叶缘具波状浅裂；花单生于叶腋，俯垂，花冠白色或乳白色，漏斗状，檐部 5 浅裂。

藿香叶绿绒蒿 ❄ ❄ ❄ ◐

罂粟科绿绒蒿属，一年生或多年生草本。叶卵形或卵状披针形，基部抱茎，无柄；花 3~6 朵腋生，花瓣天蓝色或蓝紫色，阔卵形或圆卵形。

6~10 月

非洲凤仙 ☀ 💧

凤仙花科凤仙花属，多年生草本。叶互生，椭圆形至披针形，叶缘锯齿状，无毛；花腋生，1~3 朵，花形扁平，大小及颜色多变，花瓣倒卵形。

6~10 月

紫鸭跖草 ☀ 💧 ☠

鸭跖草科紫竹梅属，多年生常绿草本。叶互生，长圆形，暗紫红色，有白色条纹，被细绒毛；小花桃红色或白色，花瓣 3 片，广卵形。

6~10 月

紫茉莉 ☀ ❄ 💧

紫茉莉科紫茉莉属，一年生或多年生草本。叶片卵形或卵状三角形；花常数朵生于枝顶，喇叭状，花被深紫色、深红色、黄色、白色或杂色。

6~11 月

鸭跖草 ◐ ❄ 💧 ✕

鸭跖草科鸭跖草属，一年生草本。单叶互生，卵状披针形或披针形；聚伞花序顶生或腋生；花瓣 3 片，上面 2 片深蓝色，下面 1 片多为透明膜质且较小。

6~11 月

黑心菊 ☀ ❄ ❄ ❄ 💧

菊科金光菊属，一年生或二年生草本。叶互生，上部叶长圆形至狭披针形，叶缘具齿或全缘，下部叶长圆形或匙形；头状花序顶生，舌状花黄色，花心隆起，紫褐色。

6~11月

棉花 ☼❋❋💧

锦葵科棉属，一年生草本。叶阔卵形，
3~5浅裂，裂片宽三角状卵形，叶柄较
长；花单独腋生，花冠杯状，初开白色
或淡黄色，后变红色或紫色。

6~11月

蓝姜 ☼❋❋💧

姜科姜黄属，多年生草本。叶互生或对生，长圆状披针形，
深绿色，光滑无毛；圆锥花序较大型，花冠深蓝色，花瓣3片，
广倒卵形。

6~11月

阔叶半枝莲 ☼❋❋💧

马齿苋科马齿苋属，一年生至多年生草
本。茎叶互生，肉质，倒卵形，绿色；
花单独顶生，花冠颜色丰富，花型有单
瓣、重瓣、半重瓣等。

6~11月

五色菊 ☼💧

菊科五色菊属，一年生草本。叶互生，
嫩绿色，羽状深裂，裂片条形；头状花
序顶生或腋生，舌状花一轮，蓝色、淡
蓝色或白色，盘心花两性，黄色。

6~11月

美洲商陆 ☼❋❋💧

商陆科商陆属，多年生草本。叶较大，卵状椭圆形或长椭圆形；
穗状花序顶生或侧生，小花白色或淡红色，花瓣5片，卵圆形。

大丽花 ❀ 6~11月 ☀ ❄ ◐

　　菊科大丽花属，多年生球根草本。叶一至三回羽状全裂或不裂，裂片卵形或长圆状卵形，中绿色至深绿色，两面无被毛；头状花序顶生，较大，具较长的花序梗，总苞片叶质，多层，卵状椭圆形；舌状花一轮，长卵形，有白色、绿白色、红色、粉红色、紫红色、橙色等，管状花黄色或棕黄色。

白色芭蕾

白阿尔瓦

东方益格鲁

海城珍珠

雪莉

粉红象征

斯莫克

复活节礼拜日

凯瑟琳爱神

伍顿爱神

耶诺火光

恩格尔·哈特西

雄狐

维基·克鲁克费尔德

6~11 月

紫娇花 ☼ ❋ ❋ ◖ ✻

石蒜科紫娇花属，多年生半球根草本。叶狭长线形，亮绿色；
聚伞花序顶生，花茎细长，着花 10 朵左右，小花密集，花被
淡紫色或粉紫色，花瓣卵状长圆形。

7 月

百合 ☼ ❋ ❋ ❋ ◖ ✻

百合科百合属，多年生球根草本。叶互
生，长圆状披针形或披针形，全缘，无柄；
花较大，单生于茎顶，多白色，花冠漏
斗形。

7 月

唐松草 ☼ ❋ ❋ ◖

毛茛科唐松草属，多年生草本。三出复叶至多回复叶，小叶
草质；伞房状圆锥花序，花小，多花密集，白色或淡紫色，
花瓣线形。

7 月

单侧花 ☼ ❋ ❋ ◖

鹿蹄草科单侧花属，多年生常绿草本。
叶薄革质，3~5 枚，长圆状卵形；总状
花序具花 8~15 朵，偏向一侧，花冠卵
圆形或近钟形，淡绿白色，俯垂。

春黄菊

菊科春黄菊属，多年生草本。叶片羽状全裂，裂片矩圆形；头状花序单独顶生，花较大，花梗较长；雌花花瓣舌状，金黄色，两性花花冠管状，5齿裂。

仙女木

蔷薇科仙女木属，多年生常绿草本。叶卵形，革质，暗绿色，有分裂，丛生于茎上；花杯状，乳白色，花瓣倒卵状披针形。

百子莲

石蒜科百子莲属，多年生常绿草本。叶线状披针形，绿色有光泽，近革质；伞形花序顶生，具花10~50朵，花冠漏斗状，花瓣蓝紫色或白色。

绥草

兰科绥草属，多年生草本。叶片披针形或宽条形，鲜绿色，直立伸展；总状花序具多花，呈螺旋状扭转，小花钟状，粉红色、紫红色或白色。

7~8月

7~8月

苘麻 ☼ ❄ ❄ ❄ ◐ ✕

锦葵科苘麻属，一年生亚灌木状草本。叶卵状心形，密被细短柔毛，叶柄较长；单花腋生，花黄色，花瓣5片，倒卵形。

大花萱草 ☼ ❄ ❄ ❄ ❄ ◐

百合科萱草属，多年生草本。基生叶狭长带状，翠绿色，上部外翻；聚伞花序顶生，着花2~6朵，花大多色，漏斗状。

7~8月

7~8月

雨久花 ☼ ◐ ✕

雨久花科雨久花属，多年生直立水生草本。叶宽卵状心形，具多条弧状脉，全缘，长柄或无柄；总状花序顶生，着花10余朵，花冠淡蓝色，花瓣6片，长圆形。

日本鸢尾 ☼ ◐

鸢尾科鸢尾属，多年生草本。叶基生，剑形，明绿色；总状聚伞花序，花3~5朵簇生，淡紫色带有淡黄色或蓝色斑纹，花瓣平展有鸡冠状突起。

7~8月

蛇鞭菊 ☼ ❀ ❀ ❀ ◐

菊科蛇鞭菊属，多年生草本。叶基部丛生，线形或线状披针形；头状花序，排列呈密穗状，小花紫红色或纯白色。

7~8月

芡实 ☼ ◐ ✕

睡莲科芡属，一年生浮水草本。浮水叶革质，椭圆形至圆形；花单生，较小，花瓣多轮，外轮紫红色，内轮淡紫色或白色，矩圆状披针形，白天开放，当晚闭合。

7~8月

尾穗苋 ☼ ❀ ◐

苋科苋属，一年生草本。叶卵形或桨形，淡绿色或红色，两面无毛；穗状花序，流苏状，下垂，长达60厘米，花暗红紫色。

7~8月

千穗谷 ☼ ❀ ◐

苋科苋属，一年生草本。叶菱状卵形或窄条状披针形，墨绿色至紫红色，无被毛；复羽头状花序，扁平，长达15厘米以上，花暗红色。

7~8月

香青兰 ☼ ❀ ❀ ◐

唇形科青兰属，一年生草本。叶卵圆状三角形，叶缘具疏圆齿；轮伞花序较疏散，花冠淡蓝紫色，冠檐二唇形，上唇短舟形，下唇3裂。

☼ 7~8月

梅花草 ☼❄❄❄◐

虎耳草科梅花草属，多年生草本。基生叶心形或卵圆形，长柄全缘；茎中部生叶1枚，基部抱茎；花单生于顶端，白色或淡黄色，花瓣5片，卵状圆形。

☼ 7~8月

卷丹 ☼❄◐✖

百合科百合属，多年生球根草本。叶散生，无柄，披针形或线状披针形；花序总状，花橙红色，上有紫黑色斑点，下垂生长，花被片反卷，呈披针形。

☼ 7~8月

山丹 ☼❄◐✖

百合科百合属，多年生球根草本。条形叶于茎中部散生；花单生或数朵排列成总状花序，鲜红色，一般无斑点，常下垂；花被片6片展开，强烈反卷。

☼ 7~8月

齿叶薰衣草 ☼❄◐

唇形科薰衣草属，多年生草本。叶暗绿色，狭披针形，叶缘具密齿；穗状花序顶生，浅紫色小花密集，小花花冠二唇形。

7~8月

7~8月

龙葵 ☀❄💧✕

茄科茄属，一年生草本。叶片卵形，叶
缘具不规则波状粗齿，叶脉清晰；花序
短，蝎尾状或近伞状，侧生或腋外生，
花冠白色，花瓣多向后反折。

石生蝇子草 ☀❄💧✕

石竹科蝇子草属，多年生草本。叶片被疏柔毛，卵状披针形
或披针形；二歧聚伞花序顶生，花白色，花瓣5片，倒披针形，
先端浅2裂。

7~8月

仙鹤草 ☀❄💧✕

蔷薇科龙芽草属，多年生草本。奇数羽
状复叶互生，叶片大小不等，呈卵圆形
至倒卵圆形，间隔排列；穗状总状花序
顶生，多花，黄色，花瓣5片。

7~8月

7~8月

蓍 ☀❄❄❄💧

菊科蓍属，多年生草本。叶无柄，披针
形或长椭圆形，二至三回羽状全裂；多
数头状花序集成复伞房状，小花白色、
粉红色或黄色。

水蓼 ☀❄❄💧✕

蓼科蓼属，一年生草本。叶细长披针形，两端渐尖，无毛；
穗状花序腋生或顶生，通常下垂，小花排列稀疏，下部间断；
花冠淡绿色或淡红色，花被4~5深裂。

7~9月

7~9月

石蒜 ❀❀❀◐☠

石蒜科石蒜属，多年生球根草本。叶基生，条形，半直立，深绿色；花 5~6 朵排成伞形，鲜玫瑰红色，花瓣狭窄，强烈反卷，边缘皱缩。

小蓬草 ☀❀❀◐

菊科飞蓬属，二年生草本。叶密集，线状披针形或倒披针形，无柄或柄短；头状花序多数排成圆锥花序，顶生，花小，舌状花白色，管状花淡黄色。

7~9月

7~9月

夏水仙 ☀❀❀◐

石蒜科石蒜属，多年生球根草本。叶线形，深绿色，中间有粉绿色纹脉；伞形花序顶生，着花 4~8 朵，花冠粉红色，带淡紫色或红色晕，有芳香。

秋海棠 ☀◐

秋海棠科秋海棠属，多年生球根草本。单叶互生，卵形至宽卵形，褐绿色略带红晕；二歧聚伞花序，雌雄同株，花多粉红色，花瓣 4 片，1 对较大 1 对较小。

麦秆菊

菊科蜡菊属，多年生草本，作一年生栽培。叶互生，长椭圆状披针形，全缘，叶柄较短；头状花序顶生，总苞花瓣状，舌状花纸质，干燥具光泽，颜色多变，有白、黄、粉红、红、橙等色，中央的管状花黄色。

闭鞘姜

姜科闭鞘姜属，多年生草本。叶阔披针形或长椭圆形，先端渐尖，全缘；穗状花序顶生，苞片卵形，红色，花冠管粗短，唇瓣宽喇叭形，纯白色，先端皱波状。

红球姜

姜科姜属，多年生草本。叶长圆状披针形，基部渐狭成鞘状抱茎；花序球果状，顶生，苞片覆瓦状排列，初时淡绿后变红色，花冠淡黄色，唇瓣黄色。

7~9月

狗娃花 🌼 ✿ ✿ ✿ 💧

菊科狗娃花属，一年生或二年生草本。叶线状披针形或倒披针形，灰绿色；头状花序单生于顶枝，排成伞房花序，舌状花一轮，淡紫粉色，管状花黄色。

7~9月

唐菖蒲 ☀ 💧

鸢尾科唐菖蒲属，多年生球根草本。叶剑形，基生或互生，灰绿色，基部鞘状，中脉隆起；蝎尾状单歧聚伞花序，花冠阔漏斗形，有红色、黄色、白色或粉红色等。

7~9月

万寿菊 ☀ ✿ ✿ ✿ 💧 🍴

菊科万寿菊属，一年生草本。叶羽状分裂，边缘具锐齿；头状花序单生，舌状花黄色或暗橙色，舌片倒卵形，管状花黄色，先端5裂。

7~9月

黄芩 ☀ ✿ ✿ ✿ 💧

唇形科黄芩属，多年生草本。叶披针形或狭披针形，坚纸质；总状花序顶生，花冠紫色、紫红色至蓝色，冠檐二唇形。

紫菀 ☀ ❀ ❄ 💧

菊科紫菀属，多年生草本。叶厚纸质，长圆状披针形或匙形，被短糙毛，无叶柄；头状花序多个，舌状花蓝紫色，管状花黄色。

水金凤 ☀ ❀ ❄ 💧

凤仙花科凤仙花属，一年生草本。叶互生，长圆状卵形或卵形，叶缘具粗齿，叶柄纤细；总状花序，花黄色；旗瓣、翼瓣较小，唇瓣宽漏斗状。

射干 ☀ ❀ ❄ 💧

鸢尾科射干属，多年生草本。叶互生，剑形，扁平带状，基部鞘状抱茎；聚伞花序顶生，花橙红色，花瓣6片，披针形，略不等大，散生紫褐色斑点。

孔雀草 ☀ ❀ ❄ 💧

菊科万寿菊属，一年生草本。叶狭披针形，灰绿色，边缘具细齿；头状花序单生于顶端，舌状花橘黄色或暗红色，管状花黄色。

花锚 ☀ ❀ ❄ 💧

龙胆科花锚属，一年生草本。叶倒卵形或椭圆状披针形，全缘；聚伞花序顶生和腋生，花冠黄色或蓝紫色，钟形，冠筒长4~5毫米，裂片椭圆形或卵形。

7~9 月

玉簪 ✿ ☼ ❋ ❋ ◊ ✖

百合科玉簪属，多年生草本。叶基生，卵状心形或卵圆形，叶脉明显；总状花序顶生，花冠筒状漏斗形，白色或淡紫色。

7~9 月

蓟罂粟 ✿ ☼ ❋ ◊

罂粟科蓟罂粟属，一年生草本。基生叶宽倒卵形或倒披针形，羽状深裂，裂片边缘生波状齿，齿端有刺，茎生叶互生，与基生叶同形；花单生于短枝顶，橙黄色或黄色，宽倒卵形花瓣6片。

7~9 月

鸡冠花 ☼ ❋ ◊ ✖

苋科青葙属，一年生草本。单叶互生，卵形、卵状披针形或披针形，绿色或紫红色；多花密生，成扁平肉质鸡冠状、卷冠状或羽毛状的穗状花序。

7~9月

牛至 ✿ ❀ ❀ ❀ ◊

唇形科牛至属，多年生草本。叶片长圆状卵圆形或卵圆形，全缘有柄；伞房状圆锥花序，小花淡红色、紫红色或白色，冠檐二唇形，上唇先端2浅裂，下唇3裂。

7~9月

罗勒 ✿ ❀ ◊ ✕

唇形科罗勒属，一年生或多年生草本。叶对生，卵圆形或卵圆状披针形，两面无被毛；轮伞花序组成顶生假总状花序，花冠淡紫色或上唇白色下唇紫红色，二唇形。

7~9月

金荞麦 ✿ ❀ ❀ ❀ ◊ ✕

蓼科荞麦属，多年生草本。叶片互生，箭状三角形，先端渐尖或急尖，基部近似戟形；总状花序或密生的伞房状花序，顶生或腋生，小花白色，花瓣5片，长卵形。

7~9月

晚香玉 ✿ ◊

石蒜科晚香玉属，多年生球根草本。叶基生，披针形，基部稍带红色；总状花序较长，具花6~9对，花冠白色，漏斗状，花瓣6片，极芳香。

桔梗

桔梗科桔梗属，多年生草本。叶互生，或全部轮生，多卵状椭圆形、披针形或卵形；花单生或数朵集成假总状花序，花冠蓝紫色或暗紫白色。

桂圆菊

菊科金钮扣属，一年生草本。叶对生，宽卵圆形或菱状卵形，暗绿色，叶缘有锯齿；头状花序单生，卵球形，灰粉色或黄色，顶端具红色和褐色环带。

薄荷

唇形科薄荷属，多年生草本。叶对生，薄纸质，多长圆状披针形或卵形，叶缘生疏齿；轮伞花序腋生，花冠淡紫粉色或白色，二唇形。

一点红

菊科一点红属，一年生草本。叶质地较厚，叶背紫红色，大头羽状分裂，裂片全缘或具齿；头状花序，花前下垂，花后直立，小花淡紫红色。

凤仙花

凤仙花科凤仙花属，一年生草本。叶互生，披针形或倒披针形，叶缘生锐锯齿；花单生或数朵簇生于叶腋，单瓣或重瓣，花冠白色、粉色、红色或紫红色。

地榆 ☀ ❄ ❄ 💧 ✕

蔷薇科地榆属，多年生草本。基生叶为羽状复叶，小叶长卵形，茎生叶狭长披针形；穗状花序顶生直立，花小而密集，紫红色。

大火草 ☀ ❄ ❄ 💧

毛茛科银莲花属，多年生草本。基生叶为三出复叶，小叶片卵形至三角状卵形，三浅裂或深裂；聚伞花序，花冠淡粉红色或白色。

野西瓜苗 ☀ ❄ 💧

锦葵科木槿属，一年生草本。叶卵形，羽状深裂，被密毛；花单生于叶腋，花乳白色或淡黄色，花心紫褐色，花瓣 5 片，倒卵形。

香薷 ☀ ❄ ❄ 💧 ✕

唇形科香薷属，多年生草本。叶片椭圆状披针形或卵形，边缘具密齿；花密生，组成假穗状花序，小花淡紫色，冠檐二唇形。

7~10 月

7~11 月

凤眼莲 ☀ ◌ ✕

雨久花科凤眼蓝属，多年生浮水草本。
叶基生，莲座状排列，圆形或宽卵形；
穗状花序，着花6~12朵，淡蓝色至紫色，
最上面裂片中央有黄色斑点，裂片6片，
最上面一枚似凤眼。

绵枣儿 ☀ ❀ ❀ ❀ ◌

百合科绵枣儿属，多年生球根草本。叶2~4枚，狭披针形，
较柔软；总状花序细长，顶生，小花密集，白色至粉红色，
花瓣近椭圆形，有深紫红色中脉一条。

7~10 月

牛膝菊 ☀ ❀ ❀ ◌ ✕

菊科牛膝菊属，一年生草本。叶长椭圆
状卵形或卵形，触感粗涩；头状花序呈
半球形，花冠白色，舌状花瓣4~5片，
顶端3齿裂，管状花黄色。

7~11 月

7~10 月

野棉花 ☀ ❀ ❀ ❀ ❀ ◌

毛茛科银莲花属，多年生草本。基生叶
2~5枚，心状宽卵形，叶缘生小齿；聚
伞花序顶生，较长，花萼5片，花瓣倒
卵形，白色或淡紫红色，外被白绒毛。

水丁香 ☀ ❀ ◌

柳叶菜科丁香蓼属，多年生草本。茎直立，稍具纵棱；叶
互生，披针形或条状披针形；花单生于叶腋，黄色花瓣4枚，
倒卵形。

宫灯百合 ☀️ 💧 ☠️

百合科宫灯百合属，多年生球根草本。叶柳叶形或披针形，轮状互生，光滑无毛，无柄；花腋生，花冠坛状，亮橙黄色，下垂。

菊芋 ☀️ ❄️ ❄️ ❄️ ❄️ 💧 🍴

菊科向日葵属，多年生宿根草本。叶长椭圆形至卵状椭圆形；头状花序单生于枝端，舌状花黄色，长椭圆形，管状花黄色。

忽地笑 ☀️ ❄️ 💧

石蒜科石蒜属，多年生球根草本。叶基生，剑形，暗绿色，革质；伞形花序具花 4~8 朵，花冠大，鲜黄色或橘黄色，花瓣倒披针形，边缘较皱缩和强烈反卷。

双翅舞花姜 ☀️ 💧

姜科舞花姜属，多年生草本。叶长圆状披针形，先端渐尖，短柄，无毛；圆锥花序顶生，下垂，上部分枝具对生花枝，小花黄色。

8~9月

8~10月

八宝景天 ☀❄❄❄💧

景天科景天属，多年生肉质草本。叶轮
生或对生，长圆状倒卵形，肉质，具疏齿；
伞房花序顶生，花淡粉红色，花瓣 5 片，
宽披针形。

姜荷花 ☀💧

姜科姜黄属，多年生草本。叶片为长椭圆形，中肋紫红色；
穗状花序直立，绿色苞片 7~9 片，先端绿色的粉红色苞片
9~12 片，唇状小花生于苞片内。

8~9月

川续断 ☀❄❄💧

川续断科川续断属，多年生草本。叶片
对生，羽状分裂；头状花序顶生，球形，
着生多数小花，花冠漏斗状，白色或淡
黄色。

8~10月

8~10月

韭兰 ☀❄💧

石蒜科葱莲属，多年生球根草本。基生
叶扁平线形，常簇生，似韭菜；花茎自
叶丛中抽出，花冠漏斗状，粉红色，花
瓣多为 6 片，略弯垂。

白花鬼针草 ☀❄💧✂

菊科鬼针草属，一年生草本。茎上部叶互生，中下部叶对生，
叶片通常二回羽状深裂，小叶多卵状椭圆形；头状花序，舌
状花白色，先端 3~5 裂，管状花黄色。

8~10月

8~10月

荷兰菊 ☀❄❄❄💧

菊科紫菀属，多年生草本。叶互生，较小，线状披针形，光滑无毛，深绿色；头状花序单生，集成伞房花序，舌状花有淡紫蓝色、粉红色、白色、玫红色，管状花黄色。

水鳖 ☀❄💧✂

水鳖科水鳖属，多年生浮水草本。叶厚，心形或近肾形，全缘，深绿色；佛焰苞透明膜质，苞内生雄花5~6朵或雌花1朵，雄花雌花皆黄色。

8~10月

8~10月

白花荇菜 ☀💧

龙胆科荇菜属，多年生浮水草本。叶近革质，浮于水面，宽卵圆形或近圆形，全缘；花多数，花冠白色，喉部黄色，花瓣长圆状卵形，密生流苏状柔毛。

秋水仙 ☀❄❄❄❄💧

百合科秋水仙属，多年生球根草本。叶片较大，3~5枚，线状披针形；花多达8朵，具长管，酒杯状，有粉紫色、粉红色、白色和重瓣。

8~10 月

沙参 ☀❄❄❄💧✺

桔梗科沙参属，多年生草本。基生叶心形，叶阔柄长；茎生叶互生，叶片呈椭圆形或狭卵形；总状花序狭长，花冠蓝色或紫色，具5浅裂，宽钟状，倒垂。

8~11 月

碱菀 ☀❄❄💧

菊科碱菀属，一年生或二年生草本。叶肉质，条状或长圆状披针形，无柄；头状花序排成伞房状顶生，舌状花一轮，白色或淡紫色，管状花黄色。

8~11 月

大吴风草 ☀❄❄❄💧

菊科大吴风草属，多年生草本。基生叶肾形，叶柄较长；头状花序数个排成伞房状，舌状花黄色，8~12 片，管状花多数。

8~11 月

紫苏 ☀❄💧✺

唇形科紫苏属，一年生草本。叶对生，膜质或草质，阔卵形或圆卵形，紫红色；轮伞花序在茎中上部密集，小花紫红色，冠檐二唇形。

红花龙胆

龙胆科龙胆属，多年生草本。叶卵状三角形或宽卵形，无柄；花单独生于枝端或叶腋，花冠阔漏斗形，淡红色略带浅紫色条纹，先端 5 裂。

9~10 月

9~10 月

心叶獐牙菜

龙胆科獐牙菜属，一年生草本。叶卵状心形，先端急尖，基部半抱茎；圆锥状复聚伞花序，花冠乳白色，裂片长圆状披针形，先端生有两个较大绿色斑点与多数紫斑。

穿心莲

爵床科穿心莲属，一年生草本。叶对生，长椭圆形或披针形，两面无毛；总状花序顶生或腋生，小花淡紫色或白色，二唇形，上唇 2 裂，下唇 3 浅裂。

9~10月

雪莲果

菊科菊薯属，多年生草本。叶较大，对生，阔卵状心形，密被白色短绒毛；头状花序顶生，舌状花多个，黄色，中央的管状花棕色。

9~11月

菊花

菊科菊属，多年生草本。叶互生，卵圆形至披针形，常羽状深裂，有短柄，密被白色短柔毛；头状花序单生或集生于茎端，舌状花形式多样，颜色多变。

9~11月

蜘蛛兰

石蒜科水鬼蕉属，多年生球根草本。叶基生，倒披针形或剑形，深绿色；伞形花序顶生，具花3~8朵，花冠绿白色，花被筒长裂，裂片线形或披针形。

9~11月

竹叶兰

兰科竹叶兰属，多年生草本。叶薄革质，线状披针形，基部鞘状抱茎；总状花序每次仅开1花，花冠粉红色或白色，花瓣长圆状卵形。

9~11 月

花叶冷水花

荨麻科冷水花属，多年生常绿草本。叶宽卵形，先端锐尖，具突起的白色斑块，较多汁，干时纸质；花雌雄异株，雄花序头状，雌花倒梨状。

9~11 月

大花美人蕉

美人蕉科美人蕉属，多年生草本。叶较大，阔椭圆形，被白粉，叶柄鞘状抱茎；花朵较大，花瓣 3 枚，乳白色至紫红色，花瓣披针形，直伸。

9~11 月

番薯

旋花科番薯属，一年生草本。叶片多形且颜色多变，叶柄长短不一；聚伞花序腋生，花冠漏斗状，檐部 5 裂，粉红色、淡紫色或白色。

9~11 月

火炬花

百合科火把莲属，多年生常绿草本。叶片细长线形，灰绿色；总状花序顶生，筒状小花密集，呈火炬形，花冠有橘红色、橙黄色和双色等。

9~11 月

葱兰

石蒜科葱莲属，多年生草本。叶狭线形，基生，较肥厚，深绿色；花单生于花茎顶端，花白色，略带淡红色，花瓣 6 片，顶端稍钝或尖。

卡特兰 ☀️ 💧

兰科卡特兰属，多年生常绿草本。叶
1~3枚，长卵形，质地坚厚，中脉下凹；
花单朵或数朵顶生，花色丰富艳丽，极
芳香。

番红花 ☀️ ❄️ ❄️ 💧

鸢尾科番红花属，多年生球根草本。叶条形，基生，灰绿色，
边缘反卷；花茎较短，顶生1~2花，淡蓝色、白色或红紫色，
花柱橙红色。

猪屎豆 ☀️ ❄️ ❄️ 💧 ☠️

豆科猪屎豆属，多年生草本。叶三出，
小叶长椭圆形，叶脉清晰；总状花序较
长，顶生，密生蝶形小花，花冠黄色。

加拿大一枝黄花 ☀️ ❄️ ❄️ 💧

菊科一枝黄花属，多年生草本。叶互生，
线状披针形或披针形。多个头状花序组
成开展的圆锥花序，小花黄色，舌状花
瓣很短。

千里光 ☀️ ❄️ 💧 ☠️

菊科千里光属，多年生草本。叶有柄，长三角形或卵状披针形，
叶脉明显；头状花序顶生，有舌状花瓣8~10片，管状花多数，
皆黄色。

彩色马蹄莲 ✿ 11月至次年5月 ☀ 💧

　　天南星科马蹄莲属，多年生球根草本。叶基生，质地较厚，心状箭形或箭形，先端锐尖，亮绿色，全缘，具斑点，叶柄较长，基部具鞘；圆柱形肉穗花序具小花极多数，鲜黄色、黄绿色、绿白色或白色，直立于大型的漏斗状佛焰苞中央；佛焰苞依品种不同而颜色各异，有白、粉、黄、紫、红、橙、绿等色。

紫雾

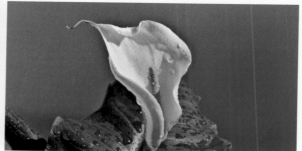

信服　　　宝石

黑色魔术

火烈鸟　　　　　　　坦斯登船长

大花蕙兰 ✿ 12月至次年2月 ☀ ◌

　　兰科兰属，多年生常绿草本。叶片革质具光泽，宽条形，先端弯垂，黄绿色至深绿色；总状花序直立或稍倾斜，具花 10~16 朵，花被片 6 片，外轮 3 片为萼片，内轮 3 片为花瓣，下方一片花瓣特化为唇瓣；花色极丰富，红色、黄色、粉色、黄绿色、白色、橙色等，有些品种具斑纹或斑点。

红天使

晨晖

美人唇

碧玉

女皇

圣诞玫瑰

石斛兰 ❀ 12月至次年2月 ☀ ◐ ◊

　　兰科石斛兰属，多年生半常绿草本。叶革质，一至多枚，披针形至卵圆状披针形，淡绿色，先端圆钝，基部鞘状抱茎；花梗自上部叶腋生出，总状花序直立，花瓣通常较窄，唇瓣完整或三裂，花色变化极大，白色、红色、粉红色、玫红色、紫红色、黄色或复色，有些品种具斑纹或斑点。

蓬皮杜夫人

亚洲微笑

鼓槌

肿节石斛兰

迈尤基

甜蜜糖果

12 月至次年 5 月

12 月至次年 5 月

金盏菊 ☀❄❄❄💧✖

菊科金盏菊属，二年生草本。叶长圆状倒卵形或匙形，边缘波状，有不明显细齿；头状花序单生于茎顶，舌状花一轮或多轮平展，金黄色或橘黄色，筒状花黄色或褐色。

仙客来 ☀❄❄❄💧☠

报春花科仙客来属，多年生球根草本。叶心形或卵形，具深浅不一的绿色和银色晕斑；花冠细长，白色或玫瑰红色，喉部具深紫色斑。

12 月至次年 5 月

1~4 月

豹斑火焰兰 ☀❄💧

兰科火焰兰属，多年生常绿草本。叶革质，暗绿色，宽披针形，基部抱茎；总状花序腋生，多花密生于花序轴，萼片及花瓣黄色，具红褐色斑点，唇瓣较小。

鼠曲草 ☀❄💧

菊科鼠曲草属，二年生草本。叶互生，无柄，倒卵状匙形或匙状倒披针形，基部渐狭；多个头状花序在枝顶密集成伞房状，小花黄色至金黄色。

长寿花 ☼ ◑

景天科伽蓝菜属，多年生肉质草本。单叶对生，墨绿色，卵圆形，叶缘具钝齿；伞房状圆锥花序顶生，小花筒状，花瓣4片，橙红色至绯红色。

瓣苞芹 ☼ ❋ ❋ ❋ ❋ ◑

伞形科瓣苞芹属，多年生草本。叶长圆形或圆形，黄绿色，叶上部边缘具粗齿，后期3裂；头状花序单生，黄色或黄绿色。

胡麻花 ☼ ❋ ❋ ◑

百合科胡麻花属，多年生草本。叶倒披针形，暗绿色；伞形花序顶生，具花3~10朵，花瓣淡粉色，条状倒披针形，花柱极长，明显伸出花被和雄蕊之上。

老鸦瓣 ☼ ❋ ◑

百合科郁金香属，多年生草本。基生叶片1对，线形，叶基部略带红色；花单朵顶生，白色花瓣6片，背面紫红色脉纹显著，披针形。

杂交铁筷子 ☼ ❋ ◑ ☠

毛茛科铁筷子属，多年生常绿草本。叶革质，5叶呈鸟足状，黄绿色带紫色；花冠杯状，花瓣蜡质，白色或黑褐色，偶有粉红色。

2~3 月

蒲包花 ☀ 💧

玄参科蒲包花属，多年生草本。叶对生，
卵圆形，叶脉清晰；花色丰富多变，花
冠二唇形，上唇瓣直立，较小，微凹，
下唇瓣膨大呈深囊状。

2~5 月

报春花 ☀ 💧

报春花科报春花属，二年生草本。叶簇生于基部，长椭圆形
或卵形，微皱缩，叶缘浅裂；伞形花序顶生，花冠颜色丰富
艳丽，喉部颜色也多变，花瓣倒心形。

2~4 月

碎米荠 ☀ ❄ ❄ 💧 ✂

十字花科碎米荠属，一年生或二年生草
本。叶为羽状复叶，顶生小叶卵圆形；
总状花序顶生，花较小，花瓣白色，倒
卵形。

2~6 月

2~4 月

款冬 ☀ ❄ ❄ ❄ 💧 ✂

菊科款冬属，多年生草本。叶基生，心
形或卵形，先端具钝角；头状花序顶生，
黄色舌状花一轮，花瓣先端微凹；筒状
花花较小，披针状花瓣 5 片。

紫云英 ☀ ❄ 💧

豆科黄芪属，一年生草本。奇数羽状复叶，具小叶 7~13 枚，
小叶倒卵形；总状花序呈伞状，多腋生，蝶形小花白色或紫
红色。

全年

红掌 ☀ ◐ ☠

天南星科花烛属，多年生常绿草本。叶长椭圆状心形，鲜绿色，柄四棱形；花葶高出叶丛，肉穗花序黄色，直立，圆柱形，佛焰苞阔心形，红色。

全年

蒲儿根 ☀ ❋ ❋ ◐ ☠

菊科千里光属，一年生或二年生草本。基生叶丛生，卵圆形，膜质，茎生叶肾圆形，深绿色，叶缘具齿；多个头状花序集成伞房状花序，舌状花黄色，舌片长圆形。

全年

文心兰 ☀ ❋ ◐

兰科文心兰属，多年生常绿草本。革质叶片1~3枚，绿色，细长条形；圆锥花序较长，小花密集，花瓣黄色、洋红色等，并生有褐色斑点。

全年

双心皮草 ☀ 💧

苦苣苔科双心皮草属，一年生或多年生草本。叶片肥厚肉质，全株布满细毛；花萼细长，红褐色，花长筒状，俯垂，冠檐5裂，花色有白、紫、蓝、粉红等。

全年

全年

同瓣草 ☀ 💧 ☠

桔梗科马醉草属，多年生草本。纸质单叶互生，披针形，叶缘具不规则深齿；花单生于叶腋，花冠管长，白色、粉色、蓝紫色等，花瓣5片，披针形。

海芋 ☀ 💧 ☠

天南星科海芋属，多年生大型常绿草本。叶聚生于茎顶，亚革质，草绿色，卵状戟形；肉穗花序直立，白色，稍短于佛焰苞。

金火炬蝎尾蕉 ☼ ◊

芭蕉科蝎尾蕉属，多年生常绿草本。薄革质叶片互生，带状披针形，暗绿色，全缘；穗状花序直立，顶生，花序轴金黄色，苞片船形，红色，边缘带黄色，花冠金黄色。

香彩雀 ☼ ◊

玄参科香彩雀属，多年生草本。叶对生或互生，狭披针形或披针形，无柄；花单生于叶腋成带叶的总状花序，花瓣唇形，上方四裂，紫红色、粉红色或白色。

藿香蓟 ☼ ◊

菊科藿香蓟属，一年生草本。叶对生或互生，长圆形或长卵形；多个头状花序在茎顶排成伞房状花序，花冠淡紫色，花瓣线形。

全年

非洲万寿菊 ☼ 💧

菊科蓝眼菊属，多年生草本。叶互生，倒卵形至匙形，浅灰绿色；头状花序单生，舌状花瓣一至二轮或多轮呈重瓣状，有紫色、紫红色、粉红色、白色等，花心蓝紫色。

全年

小丽菊 ☼ 💧

菊科大丽花属，多年生球根草本。叶阔披针形或长卵形，叶缘具钝齿；头状花序，花色丰富，单瓣或重瓣，花瓣长圆状披针形。

全年

四季秋海棠 ☼ 💧

秋海棠科秋海棠属，多年生草本，作一年生栽培。叶互生，卵形，蜡质光亮，叶缘具齿和睫毛；花顶生或腋生，数朵成簇，淡红色、白色或红色。

第二章

藤本类花卉

藤本花卉，通俗来说，指枝条细弱、不能直立、只能依附在其他植物或支撑物上呈攀缘或缠绕状生长的开花植物。当然，如果没有可攀附之物，它们也会匍匐贴地或俯垂生长。根据其茎木质化程度的不同，可分为草质藤本植物和木质藤本植物。它们有的花色清雅，如清明花、月光花、紫藤、玉叶金花等，有的花色艳丽，如山牵牛、嘉兰、美丽马兜铃、百香果等。无论花色清雅或艳丽，这些美丽的植物都为我们的生活增添了不少色彩呢！

3~11月

苦郎树 ☀️ 💧

马鞭草科大青属，攀缘状藤本。叶薄革质，对生，卵形或椭圆形，全缘，略反卷；聚伞花序疏花，腋生，花冠长筒形，白色，花瓣5片，花丝细长。

3~11月

大花紫玉盘 ☀️ 💧

番荔枝科紫玉盘属，攀缘灌木。叶互生，近革质，长圆状倒卵形；花单生，与叶对生，紫红色或深红色，6片花瓣排列成内外2轮，内轮花瓣比外轮大。

3~11月

蒜香藤 ☀️ 💧

紫葳科蒜香藤属，常绿木质藤本。三出复叶对生，小叶椭圆形；圆锥花序腋生，花冠淡紫色或白色，筒状，管部细长，檐部5裂。

3~11月

藤本月季 ☀️ ❄️ ❄️ 💧

蔷薇科蔷薇属，落叶藤本。奇数羽状复叶，互生，具小叶5~9枚，卵圆形；花单生、聚生或簇生，花色多样，花形各异。

蓝花藤 ☀️ 💧

马鞭草科蓝花藤属，常绿木质藤本。叶对生，长椭圆形，质地粗糙，全缘且被毛；总状花序顶生，下垂，花冠深紫色或蓝紫色，5深裂。

木香花 ☀️ ❄️ ❄️ 💧

蔷薇科蔷薇属，半常绿藤本。奇数羽状复叶，小叶 3~5 枚，椭圆状卵形；伞形花序具花多朵，花冠白色，重瓣至半重瓣，花瓣倒卵形。

红耀花豆 ☀️ ❄️ 💧

豆科耀花豆属，常绿或半常绿木质藤本。羽状复叶，小叶 11~21 枚，长圆卵形，全缘；总状花序着花 4~6 朵，下垂，蝶形花密集，深红色。

紫藤 ☀️ ❄️ ❄️ ❄️ 💧 ☠️

豆科紫藤属，落叶木质藤本。奇数羽状复叶，具小叶 11~15 枚，卵状披针形或卵状椭圆形；总状花序侧生，下垂，蝶形小花密集，花冠淡紫色或紫色。

4~5月

白花紫藤 ☀❄❄❄💧☠

豆科紫藤属，落叶木质藤本。奇数羽状复叶，具小叶11~15枚，
小叶自上而下渐小；总状花序下垂，小花白色，蝶形，极芳香。

4~5月

木通 ☀❄❄❄💧✗

木通科木通属，落叶木质藤本。掌状复
叶互生或簇生，具小叶5枚，椭圆形或
倒卵形；总状花序腋生，花单性，雌雄
同株，萼片通常淡紫色，3片，瓢状阔
卵形。

4~5月

多花紫藤 ☀❄❄❄❄💧☠

豆科紫藤属，落叶木质藤本。奇数羽状复叶，具小叶11~19
枚，小叶卵形；总状花序很长，蝶形小花密集，白色或淡紫色，
极芳香。

4~6月

绣球藤 ☀❄❄❄💧

毛茛科铁线莲属，木质藤本。三出复叶，
小叶阔卵形至椭圆形，两面被毛；花数
朵簇生，萼片4枚，花瓣状，白色，长
圆状倒卵形。

4~6月

冬瓜 ☼◐✕

葫芦科冬瓜属，一年生攀缘草本。叶心状卵形，触感粗糙，5~7浅裂，裂片宽三角形或卵形；花雌雄同株，单生于叶腋，花冠黄色，花瓣宽倒卵形。

4~6月

球兰 ☼◐

萝藦科球兰属，攀缘藤本。肉质叶对生，长圆状卵形或卵圆形；伞状聚伞花序腋生，花白色，主花冠辐状，花瓣5片，副花冠星状。

4~6月

金樱子 ☼❀❀◐

蔷薇科蔷薇属，常绿攀缘灌木。羽状复叶，互生，小叶3枚，长圆状卵形，边缘有锯齿；花单独腋生，白色花瓣5片，宽倒卵形，顶端略凹。

4~6月

金银花 ☼❀❀◐✕

忍冬科忍冬属，半常绿藤本。纸质叶对生，卵形或矩圆状卵形；双花单生于小枝上部叶腋，花冠唇形，花管细长，初为白色，渐转为黄色，芳香。

4~6月

禾雀花 ☼❀❀◐

豆科黧豆属，常绿木质藤本。羽状复叶具3小叶，小叶近革质；总状花序较长，多花密集，下垂，蝶形花白色、绿白色或红色。

蔷薇 🌼 4~6月 ☀❀❀❀💧✖

　　蔷薇科蔷薇属，落叶木质藤本。奇数羽状复叶互生，具小叶 5~9 枚，倒卵状圆形或长圆形，长 1.5~5 厘米，先端圆钝或急尖，基部楔形或近圆形，叶缘具锐齿，被柔毛；多花排成圆锥状伞房花序，花色丰富，白色、粉红色、深桃红色或黄色等，单瓣或重瓣，花瓣宽倒卵形，顶端稍缺。

野蔷薇

大马士革蔷薇

法国蔷薇

白蔷薇

粉团蔷薇

百叶蔷薇

犬蔷薇

黄蔷薇

5~6月

黄木香 ☀❄❄💧

蔷薇科蔷薇属，半常绿藤本。奇数羽状复叶，具小叶3~5枚，长圆状披针形，叶缘具细齿；多花排成伞形花序或单生，花黄色，重瓣或半重瓣，有芳香。

5~7月

海仙花 ☀❄❄💧

忍冬科锦带花属，落叶灌木。叶对生，倒卵状椭圆形至倒披针形；伞形花序，花冠漏斗状，初开时黄白色或淡红色，渐变至深红色，冠檐平展，5裂。

5~6月

天门冬 ☀💧✖

百合科天门冬属，多年生攀缘草本。叶状枝通常每3枚成簇，扁平，镰刀状，茎上生有小刺；小花1~3朵簇生于叶腋，白色或淡黄绿色。

5~8月

鹰爪花 ☀💧

番荔枝科鹰爪花属，常绿木质藤本。叶革质，互生，阔披针形或长椭圆形，光滑无毛；花冠形似鹰爪，黄绿色，芳香，常俯垂，花瓣6枚，长圆状披针形。

凌霄 ☀ ❀ ❄ 💧 ✂

紫葳科凌霄属，落叶木质藤本。奇数羽状复叶对生，有小叶7~9枚，卵状披针形；短圆锥花序疏散顶生，花萼筒钟状，花冠漏斗状，橙红色，先端5裂。

清明花 ☀ 💧

夹竹桃科清明花属，常绿木质藤本。叶对生，卵形，被小毛，叶脉明显；聚伞花序顶生，花冠漏斗形，白色，先端5裂，裂片边缘波状。

田旋花 ☀ 💧

旋花科旋花属，多年生草质藤本。叶互生，箭形或戟形，全缘或3裂，有叶柄；花腋生，花冠漏斗形，粉红色或白色，顶端5浅裂。

使君子 ☀ 💧

使君子科使君子属，落叶蔓性藤本。叶对生，膜质，卵形或椭圆形；穗状伞房式花序顶生，悬垂状；花冠长管状，初开白色，后转橙红色。

5~9月

苦瓜 ☀ ◍ ✂

葫芦科苦瓜属，一年生攀缘草本。叶膜质，卵状肾形或近圆形，5~7深裂，柄细长；花雌雄同株，单生于叶腋，花冠黄色，花瓣倒卵形，被柔毛。

5~9月

西番莲 ☀ ❋ ◍

西番莲科西番莲属，多年生草质藤本。叶纸质，基部心形，掌状3~5深裂；聚伞花序退化仅存1花，花较大，单生，碗状，淡紫色或白色，有时具粉红色晕，副花冠具蓝色或紫色条纹。

5~9月

美丽马兜铃 ☀ ❋ ❋ ◍

马兜铃科马兜铃属，多年生草质藤本。纸质叶互生，广心形，全缘具长柄；花腋生，花被筒基部膨大，中部细，上部扩大成喇叭形，黄绿色，密布深紫斑点。

6~8月

丝瓜 ☀ ❄ 🌢 ✗

葫芦科丝瓜属，一年生攀缘草本。单叶
互生，掌状心形，5~7 裂，光滑无毛；
单性花腋生，雄花为总状花序，雌花单
生，花冠浅黄色。

6~8月

甜瓜 ☀ 🌢 ✗

葫芦科甜瓜属，一年生蔓性草本。叶近圆形或心形，全缘或
3~7 浅裂，被白色糙毛；花雌雄同株，雄花数朵腋生，花冠
黄色，花瓣 5 片，雌花单生。

6~8月

黄瓜 ☀ 🌢 ✗

葫芦科黄瓜属，一年生攀缘草本。叶膜
质，宽卵状心形，叶缘有齿；花雌雄同株，
雄花常数朵簇生于叶腋，黄色，花瓣长
圆状披针形，雌花多单生。

6~8月

南瓜 ☀ 🌢 ✗

葫芦科南瓜属，一年生蔓生草本。叶卵
圆形或宽卵形，5 浅裂，密生粗糙毛，
叶脉隆起；花雌雄同株，单生，花冠黄色，
钟状，冠檐 5 中裂。

6~8月

百香果 ☀ ❄ 🌢 ✗

西番莲科西番莲属，多年生常绿草质藤本。单叶纸质，互生，
掌状 3 深裂；花形奇特，花冠钟形，萼片和花瓣各 5 枚，绿
白色，副冠由花丝构成，基部紫色，先端白色。

6~8月

6~8月

嘉兰 ☼ ◗

百合科嘉兰属，多年生蔓生草本。叶互
生或对生，披针形，具短柄；花单生于
叶腋，花瓣狭披针形，皱波状，向上反曲，
上部红色，下部黄色。

玉叶金花 ☼ ◗

茜草科玉叶金花属，常绿木质藤本。叶卵状或卵状披针形，
对生或轮生，全缘；聚伞花序顶生，叶状萼片白色，小花黄色，
星状。

6~8月

鱼黄草 ☼ ◗

旋花科鱼黄草属，多年生草质藤本。叶
互生，卵状心形，全缘或掌状 3~5 裂；
聚伞花序腋生，数花聚集或单生，花冠
漏斗形，黄色，花冠管内部白色。

6~8月

6~8月

云实 ☼ ◗

豆科云实属，落叶木质藤本。二回羽状
复叶对生，小叶 6~12 对，长圆形；总
状花序顶生，直立，小花黄色，花瓣圆
形或倒卵形。

珊瑚藤 ☼ ◗

蓼科珊瑚藤属，半常绿木质藤本。纸质单叶互生，淡绿色，
卵状心形，两面粗糙；圆锥花序或总状花序，花瓣状苞片 5
片，亮粉红色、红色或白色。

6~8月

口红花 ☀ 💧

苦苣苔科毛苣苔属，常绿草质藤本。叶
对生，卵形、倒卵形或椭圆形，深绿色，
全缘；花腋生或顶生，数朵成簇，花冠
红色至红橙色，筒状。

6~8月

圆盾状忍冬 ☀ ❄ ❄ ❄ 💧

忍冬科忍冬属，落叶藤本。叶片长圆状
卵形或倒卵形，有时具柔毛，亮绿色；
花管状，有伸长的二唇形花瓣，花红色，
内面粉红色。

6~9月

老鸦嘴 ☀ ❄ 💧

爵床科山牵牛属，常绿木质藤本。叶对
生，卵形，具3~5条掌状脉，叶缘齿裂；
花腋生，数朵成下垂总状花序，花冠喇
叭状，淡紫蓝色至深紫蓝色。

6~9月

山牵牛 ☀ 💧

爵床科山牵牛属，常绿木质藤本。叶对生，宽卵形至心形，
被粗毛，具长柄；花单生于叶腋或成总状花序顶生，花冠喇
叭状，淡蓝色，花瓣5片，圆形或宽卵形，先端稍缺。

6~9月

黑眼花 ☀ 💧

爵床科山牵牛属，一年生草质藤本。叶菱状心形或戟形，边
缘不规则浅裂；花单生于叶腋，花冠橙黄色，辐状，花瓣5片，
倒卵形，先端微凹，花心黑褐色。

6~9月

6~10月

萝藦 ❀❀❀❀✖

萝藦科萝藦属，多年生草质藤本。膜质叶对生，卵状心形；总状式聚伞花序腋生，花冠白色，近辐状，密被柔毛，副花冠杯状，先端5浅裂，裂片反卷。

牵牛花 ❀◊

旋花科牵牛属，一年生草质藤本。叶近圆形或心形，3裂，掌状叶脉，被微硬柔毛；花腋生，花冠漏斗状，紫红色或蓝紫色，花冠管部白色。

6~9月

香豌豆 ❀❀❀◊

豆科香豌豆属，一年生或二年生草质藤本。羽状复叶，仅剩基部一对小叶全形，其余小叶退化为卷须状；花腋生，蝶形花较大，旗瓣颜色丰富艳丽。

6~10月

6~10月

铁线莲 ❀◊

毛茛科铁线莲属，落叶或常绿草质藤本。二回三出复叶，小叶狭卵形至披针形，全缘；花单生于叶腋；花冠风车形，花色多样，花形有单瓣和重瓣。

飘香藤 ❀◊

夹竹桃科双腺藤属，多年生常绿藤本。叶对生，革质，椭圆形，叶色浓绿有光泽；花腋生，花冠漏斗形，多为深红色，极芳香。

落葵薯 ☀ ◐

落葵科落葵薯属，多年生常绿草质藤本。叶卵形至近圆形，略肉质，叶腋下有块状珠芽；总状花序下垂，具多花，小花白色，花瓣卵形至椭圆形。

马兜铃 ☀ ❄ ❄ ◐

马兜铃科马兜铃属，多年生草质藤本。叶互生，戟形或卵状心形，叶脉明显；花单生于叶腋，花被基部囊状，上接一细管，管口扩大呈喇叭状，黄绿色，内面具紫斑。

葛 ☀ ❄ ❄ ◐ ✕

豆科葛属，多年生草质藤本。叶互生，三出复叶有长柄，小叶卵圆形或菱圆形；总状花序腋生，中部以上蝶形花密集，蓝紫色或紫色。

啤酒花 ☀ ❄ ❄ ◐

桑科葎草属，多年生草质藤本。纸质单叶对生，卵形或掌形，多 3~5 裂，叶缘具粗齿；雄花为圆锥花序，绿白色，雌花每两朵腋生于苞片内。

鸡屎藤 ☀ ❄ ◐ ✕

茜草科鸡矢藤属，多年生草质藤本。纸质叶对生，宽卵形或长圆状披针形；聚伞花序顶生或腋生，花冠淡紫色，先端 5 裂，镊合状排列，内面红紫色，被粉状柔毛。

7~8月

7~10月

龙珠果 ☀ ◐

西番莲科西番莲属，多年生草质藤本。
叶膜质，宽卵形或卵状心形，叶脉羽状，
叶柄较长；花形奇特，外轮花瓣长卵形，
白色，内轮裂片丝状，白色，基部紫色。

茑萝花 ☀ ❄ ◐ ☠

旋花科茑萝属，一年生草质藤本。叶互生，卵形，羽状深裂，
裂片线形；聚伞花序腋生，花冠高脚碟形，鲜红色或白色，
花瓣5片。

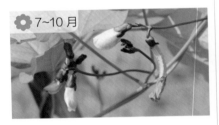

7~10月

四棱豆 ☀ ◐ ✕

豆科四棱豆属，一年生或多年生草质藤
本。羽状复叶具3小叶，小叶卵状三角
形，全缘；总状花序腋生，蝶形小花白
色或浅蓝色。

7~10月

7~10月

打碗花 ◐

旋花科打碗花属，一年生草质藤本。叶
三角形或戟形，基部两侧有分裂；花单
生于叶腋，花冠漏斗状，通常淡粉红色
或淡紫色，冠檐微裂或近似截形。

蝶豆 ☀ ◐

豆科蝶豆属，多年生常绿草质藤本。奇数羽状复叶，具薄纸
质小叶5~7枚，宽椭圆形；花单朵腋生，花冠蝶形，深蓝色、
天蓝色或白色。

7~10月

8~10月

倒地铃 ☀ 💧

无患子科倒地铃属，一年生木质藤本。叶互生，二回三出复叶，小叶卵状披针形；聚伞花序腋生，花小，白色，花瓣4片，2片较大，另2片具冠状鳞片1枚。

月光花 ☀ 💧

旋花科月光花属，一年生草质藤本。叶心状卵形，全缘或角裂；总状花序疏花，花较大，夜间开放，高脚碟状，白色略带淡绿色，冠檐浅5圆裂。

8~10月

厚萼凌霄 ☀ ❄ ❄ 💧

紫葳科凌霄属，落叶木质藤本。羽状复叶具小叶9~11枚，椭圆形至卵状椭圆形，边缘具齿；花萼较厚，花冠筒细长，漏斗状，橙红色至鲜红色。

8~10月

9~11月

电灯花 ☀ 💧

花荵科电灯花属，常绿或落叶木质藤本。叶深绿色，数枚簇生，叶簇顶端生有卷须；花芬芳，花冠钟形，花黄绿色，老化后变为紫色。

绒苞藤 ☀ 💧

马鞭草科绒苞藤属，常绿木质藤本。叶对生，坚纸质，卵圆形或阔椭圆形；圆锥状聚伞花序，小花密生，紫红色，密被白色长柔毛。

麻雀花 ☀ 💧

马兜铃科马兜铃属，多年生草质藤本。单叶纸质，心形，嫩绿色；花单独腋生，花管弯曲，裂片长披针形，造型酷似麻雀，脉纹暗褐色。

距瓣豆 ☀ 💧

豆科距瓣豆属，多年生草质藤本。羽状复叶 3 小叶，小叶薄纸质，卵状长椭圆形；总状花序腋生，具花 2~4 朵，花冠蝶形，淡紫色或粉红色。

金钩吻 ☀ 💧 ☠

马钱科钩吻属，常绿木质藤本。叶对生，椭圆状披针形，全缘，柄较短；花顶生或腋生，花冠黄色，漏斗状，冠檐 5 裂，裂片半圆形。

叶子花 ☀ 💧

紫茉莉科叶子花属，常绿木质藤本。叶互生，卵形，全缘；花很小，黄绿色，着生于枝端的三片叶状苞片内，苞片有鲜红色、橙黄色、紫红色、乳白色等。

9~11 月（麻雀花）
11~12 月（距瓣豆）
9~11 月（金钩吻）
11 月至次年 6 月（叶子花）

三角梅 ☀ 💧

紫茉莉科叶子花属，常绿木质藤本。单叶纸质，卵形或卵状披针形，全缘，亮绿色；花顶生于枝端的 3 片紫红色叶状苞片内，乳黄色或白色，极小。

12 月至次年 8 月

粉花凌霄 ☀ 💧

紫葳科粉花凌霄属，落叶木质藤本。奇数羽状复叶对生，具小叶 7~9 枚，披针形或椭圆形；圆锥花序顶生，花漏斗状，花冠白色或粉红色，喉部具红色晕。

1~6 月

炮仗花 ☀ 💧

紫葳科炮仗藤属，常绿木质藤本。3 小叶复叶对生，长柄，小叶卵形，全缘；圆锥花序生于侧枝的顶端，花管状至漏斗状，金黄色至橙红色，反卷。

猪笼草 ☀ 💧

猪笼草科猪笼草属，多年生草质藤本。叶互生，长椭圆形，主脉延长为卷须，以利攀缘，笼蔓末端有一个瓶状捕虫笼，并带有笼盖；总状花序，花小而平淡。

2~11 月

全年

巨花马兜铃 ☀ 💧

马兜铃科马兜铃属，常绿木质藤本。叶互生，卵状心形或戟形，全缘，叶柄较长；花巨大，腋生，酒囊状，紫褐色，具白色斑点。

马鞍藤 ☀ 💧

旋花科番薯属，多年生草质藤本。单叶互生，厚革质，顶端凹陷或近 2 裂，叶柄较长；聚伞花序，花冠漏斗状，檐部5 浅裂，紫红色、浅紫红色或粉红色。

第三章

灌木类花卉

　　灌木花卉，通俗来说，指植株丛生、株型较矮小、茎秆木质且通常没有明显主干的开花植物，多为阔叶植物，少见针叶植物。灌木花卉植物因其植株丛生且较矮小的特点常被用于园艺设计或园林装点。它们有的适用于盆栽，如月季、茉莉、栀子花、天竺葵等，有的适用于下地土培，如绣线菊、蜡梅、锦带花、紫阳花等。无论适用于盆栽还是下地土培，这些美丽的植物都为我们的生活增添了不少情致呢！

3 月

蜡瓣花 ☀ ❋ ❋ ❋ ◐

金缕梅科蜡瓣花属，落叶灌木。叶薄革质，倒卵形或卵圆形，叶脉深陷；总状花序下垂，先于叶开放，花冠钟形，花瓣匙形，淡黄色至黄色。

3~4 月

金钟花 ☀ ❋ ❋ ❋ ◐

木犀科连翘属，落叶灌木。叶披针形或倒卵状长椭圆形，光滑无毛，柄较短；花数朵簇生于叶腋，先于叶开放，花冠深黄色，花瓣 4 片，长圆形。

3~4 月

檵木 ☀ ❋ ◐

金缕梅科檵木属，常绿灌木。革质叶卵形或长椭圆形，略不对称，全缘，绿色或暗红色；花数朵簇生于枝端，白色，细带状花瓣 4 片，较皱曲。

3~4 月

白花紫荆 ☀ ❋ ❋ ❋ ◐

豆科紫荆属，丛生或单生灌木。叶互生，心形或三角状卵圆形，绿色；花先于叶开放，簇生于枝干上，蝶形花，白色或绿白色。

3~4 月

连翘 ☀ ❋ ❋ ❋ ❋ ◐ ✕

木犀科连翘属，落叶灌木。叶椭圆状卵形或宽卵形；花单生或数朵腋生，先开花后长叶，花冠金黄色，基部细管状，上部 4 裂，裂片多倒卵状长圆形。

3~4月

结香 ☀ ❀ ❀ ❀ ◐ ✕

瑞香科结香属，落叶灌木。叶互生，通常簇生于枝端，长圆形或椭圆状披针形，花前脱落；头状花序顶生或侧生，花黄色，多花密集呈绒球状，下垂，芳香。

3~4月

石楠 ☀ ❀ ❀ ❀ ◐

蔷薇科石楠属，常绿灌木或小乔木。叶革质，多长圆状倒卵形，中脉显著，柄较粗壮；复伞房花序顶生，小花密集，花瓣白色，近圆形。

3~4月

紫荆 ☀ ❀ ❀ ◐

豆科紫荆属，丛生或单生灌木。叶互生，三角状卵圆形或心形，全缘，绿色；花先叶开放，蝶形，紫红色或粉红色，4~10 朵簇生于枝干上。

3~4月

风铃木 ☀ ◐

紫葳科风铃木属，落叶灌木或小乔木。掌状复叶，有纸质小叶 4~5 枚，倒卵形，黄绿色至深绿色；花冠鲜黄色，喇叭形，边缘皱曲。

3~4月

山茱萸 ☀ ❀ ❀ ❀ ◐ ✕

山茱萸科山茱萸属，落叶灌木或小乔木。叶对生，绿色，疏生柔毛，卵状椭圆形或卵形；伞形花序腋生，先于叶开放；小花黄色，花瓣 4 片，舌状披针形。

3~5月

石楠杜鹃 ☼ ❀ ❀ ◐

杜鹃花科杜鹃花属，常绿灌木或小乔木。
叶革质，多集生于枝端，椭圆状披针形；
总状伞形花序顶生，花钟状，单瓣或重
瓣，花色极丰富。

3~5月

含笑 ☼ ◐

木兰科含笑属，常绿灌木。叶革质，倒卵状椭圆形或长椭圆形；
花单生于叶腋，花瓣6片，乳黄色，边缘有时红色或紫色，
有香蕉气味。

3~5月

花叶锦带花 ☼ ❀ ❀ ❀ ◐

忍冬科锦带花属，落叶灌木。叶长椭圆
形或倒卵状椭圆形，叶缘白色或乳黄色；
花单生或聚伞花序顶生，花冠漏斗状，
粉红色。

3~5月

月桂 ☼ ❀ ❀ ❀ ◐ ✕

樟科月桂属，常绿灌木或小乔木。革质
叶互生，矩圆状披针形或矩圆形，芳香；
花雌雄异株，伞形花序1~3个成簇状生于
叶腋，小花黄绿色，花瓣4片。

3~5月

贴梗海棠 ☼ ❀ ❀ ❀ ◐ ✕

蔷薇科木瓜属，落叶灌木。叶片卵形至椭圆形，叶缘具锐齿；
花先于叶开放，2~6朵簇生，花梗极短，花多猩红色或淡红色，
花瓣近圆形或倒卵形。

3~5月

蔓长春花 ☀ ❀ ◐

夹竹桃科蔓长春花属，常绿蔓性半灌木。叶椭圆形，亮绿色，先端渐尖；花单生于叶腋，蓝色，花冠漏斗状，檐部5裂，裂片倒卵形。

3~5月

海桐 ☀ ❀ ❀ ◐

海桐花科海桐属，常绿灌木。革质叶集生于枝端，倒卵形，深绿色具光泽；由密集的钟状花组成似伞形花序，顶生，花初白色，后变黄色，花瓣5片，倒披针形。

3~5月

金边瑞香 ☀ ❀ ❀ ◐

瑞香科瑞香属，常绿小灌木。纸质叶互生，边缘淡黄色，中部绿色，倒卵状椭圆形；头状花序顶生，小花较密集，花被筒状，花淡紫红色和白色，极芳香。

3~5月

3~5月

羊踯躅 ☀ ◐

杜鹃花科杜鹃花属，落叶灌木。单叶纸质，多长圆状披针形，微被毛；伞形总状花序顶生，花冠钟状漏斗形，花瓣黄色或金黄色。

大果树萝卜 ☀ ◐

杜鹃花科树萝卜属，常绿灌木。叶革质，长圆状披针形，亮绿色，全缘，无毛；总状花序腋生，着花3~5朵，花冠圆筒形或窄坛形，俯垂，白色具紫红色花纹，冠檐裂片黄绿色。

3~5月

火棘 ☀️💧🍴

蔷薇科火棘属，常绿灌木或小乔木。单叶互生，叶片革质，倒卵状长圆形或倒卵形；多花密集组成复伞房花序，花较小，花瓣5片，白色，近圆形。

3~6月

金合欢 ☀️❄️❄️💧

豆科金合欢属，灌木或小乔木。二回羽状复叶，羽片4~8对，各生小叶10~20对，小叶线状长圆形；头状花序单个或数个腋生，花黄色，花瓣连合呈管状。

3~5月

花叶蔓长春花 🌓❄️💧

夹竹桃科蔓长春花属，常绿蔓性半灌木。叶椭圆形，边缘白色，具黄白色斑块，先端骤尖；花单生于叶腋，花冠蓝色，漏斗状，花瓣5片，倒卵形。

3~6月

流苏树 ☀️❄️❄️💧

木犀科流苏树属，落叶灌木或乔木。单叶对生，近革质，长圆形或椭圆形，全缘；花雌雄异株，聚伞状圆锥花序顶生于侧枝端，花白色，花瓣线状倒披针形，多皱曲。

3~6月

芸香 ☀️❄️❄️💧

芸香科芸香属，常绿小灌木。叶二至三回羽状复叶，灰绿或蓝绿色；聚伞花序顶生，花杯状，金黄色，花瓣4片。

3~8月

孔雀锦葵 ☀ 💧

锦葵科孔雀木属，常绿亚灌木。叶互生，披针形，下垂状，先端渐尖；花单独顶生，萼片狭窄，红色，花萼淡紫色，花冠紫色。

3~8月

软枝黄蝉 ☀ 💧

夹竹桃科黄蝉属，常绿蔓性灌木。叶倒卵形，数枚轮生，有时对生或互生，全缘；聚伞花序顶生，花冠漏斗状，黄色，冠筒内面具红色脉纹，冠檐5裂。

3~8月

白刺花 ☀ ❄ ❄ 💧

豆科槐属，落叶灌木。羽状复叶具小叶5~9对，小叶多椭圆状卵形；总状花序顶生，蝶形花较小，白色或乳黄色，有时旗瓣微染紫红色晕。

3~8月

金苞花 ☀ 💧

爵床科金苞花属，常绿灌木。叶亮绿色，椭圆形，叶脉鲜明；穗状花序顶生，宝塔状，白色小花从金黄色苞片内生出。

3~9 月

3~11 月

白花牛角瓜 ☀ ❋ ◐ ☠

萝藦科牛角瓜属，常绿灌木。叶倒卵状椭圆形，幼时被毛，叶柄短或无柄；伞形聚伞花序顶生和腋生，花冠白色，裂片卵圆形，柱头盘状五角形。

萼距花 ☀ ◐

千屈菜科萼距花属，常绿亚灌木。叶薄革质，卵状披针形或披针形；花单生于叶腋或叶柄之间，紫红色花瓣 6 片，长圆形，边缘波状。

3~11 月

3~11 月

长春花 ☀ ◐

夹竹桃科长春花属，常绿亚灌木。叶膜质，单叶对生，倒卵状长圆形，先端有短尖头；聚伞花序腋生或顶生，花冠白色至玫瑰粉红色，高脚碟状，裂片宽倒卵形。

琴叶珊瑚 ☀ ◐ ☠

大戟科麻疯树属，常绿或落叶灌木。纸质单叶互生，倒长卵形或阔披针形，叶基具锐刺；聚伞花序顶生，花冠深红色，花瓣 5 片，长椭圆形。

3~12 月

4 月

黄槐 ☀ ⚬

豆科山扁豆属，落叶灌木或小乔木。偶
数羽状复叶，小叶长椭圆形或倒卵状椭
圆形，全缘；总状花序腋生，花较大，
鲜黄色，花瓣卵形或倒卵形。

蓬藟 ☀ ❄ ❄ ⚬ ✗

蔷薇科悬钩子属，落叶灌木。小叶 3~5 枚，多为绿色，偶有
紫色，宽卵形或卵形；花多单生于侧枝的顶部或腋生，花冠
白色，花瓣 5 片，近圆形或倒卵形。

4 月

石斑木 ☀ ❄ ❄ ⚬ ✗

蔷薇科石斑木属，常绿灌木或小乔木。
革质叶互生，长椭圆形或倒卵形，多集
生于枝端；总状花序顶生，小花白色或
淡红色，花瓣 5 片，披针形或倒卵形。

4 月

4~5 月

榆叶梅 ☀ ❄ ❄ ⚬

蔷薇科李属，落叶灌木或小乔木。叶宽
椭圆形至倒卵形，先端 3 裂，叶缘具不
规则粗重锯齿；花 1~2 朵生于叶腋，先
叶开放，单瓣至重瓣，粉红色。

红花檵木 ☀ ❄ ⚬

金缕梅科檵木属，常绿灌木。革质单叶互生，卵圆形或椭圆形，
略不对称，全缘，暗红色；花 3~8 朵簇生于枝端，花瓣 4 片，
带状，紫红色或红色。

4~5月

4~5月

欧丁香 ☼ ❋ ❋ ◐

木犀科丁香属，落叶灌木或小乔木。叶卵形、宽卵形或长卵形，叶柄较长；圆锥花序近直立，花紫色、白色或淡紫色，花冠管细弱，檐部4裂，裂片椭圆形或卵圆形。

岩须 ☼ ❋ ❋ ◐

杜鹃花科岩须属，常绿半灌木。叶硬革质，对生，披针形至长圆状披针形；花单独腋生，花梗较长，花萼红褐色，花冠乳白色，宽钟状，檐部5浅裂，俯垂。

4~5月

4~5月

佛手 ☼ ◐ ✕

芸香科柑橘属，常绿灌木或小乔木。叶互生，革质，倒卵状长圆形或椭圆形，叶柄较短；花单生于叶腋或簇生呈总状花序，花瓣5片，长卵形，内面白色，外面淡紫色。

马醉木 ☼ ❋ ❋ ❋ ◐

杜鹃花科马醉木属，常绿灌木。叶革质，椭圆状披针形或倒披针形，密生于枝顶；总状花序顶生或腋生，常下垂，密生壶状小花，花冠白色或绿白色。

白丁香 ☀ ❀ ❀ ◐

木犀科丁香属，落叶灌木或小乔木。纸质单叶对生，卵圆形或肾形，被微柔毛；圆锥花序，花白色，单瓣或重瓣，花冠管筒状，先端4裂，芳香。

杜鹃 ☀ ◐

杜鹃花科杜鹃花属，常绿或半常绿灌木。叶革质，常集生枝端，多倒卵状披针形，叶缘微反卷；花数朵簇生于枝顶，花冠阔漏斗形，玫瑰色、鲜红色或深红色。

紫丁香 ☀ ❀ ❀ ◐

木犀科丁香属，落叶灌木或小乔木。叶片厚纸质或近革质，卵圆形至肾形；圆锥花序直立顶生，花淡紫色、紫红色或蓝色，花冠筒圆柱形，芳香。

映山红 ☀ ❀ ❀ ◐

杜鹃花科杜鹃花属，落叶灌木。叶片薄革质，椭圆状长圆形，叶缘具细齿；伞形花序簇生于枝端，花冠阔漏斗形，玫瑰紫色，阔卵形裂片5片。

花椒 ☀ ❀ ❀ ❀ ◐ ✕

芸香科花椒属，落叶灌木或小乔木。奇数羽状复叶，有小叶5~13枚，对生，椭圆形或卵形；聚伞状圆锥花序顶生，花冠黄绿色，花被片6~8片。

4~5月

4~5月

接骨木 ☀❄❄💧✕

忍冬科接骨木属，落叶灌木或小乔木。
奇数羽状复叶对生，小叶 7~11 枚，卵
圆形至长椭圆形；圆锥花序顶生，小花
白色或淡黄色，裂片 5 片，长卵圆形。

琼花 ☀❄❄💧

忍冬科荚蒾属，半常绿灌木。叶纸质，卵形至卵状矩圆形，
边缘有小齿；聚伞花序顶生，花序周围为不孕花，较大，花
冠白色，辐状，裂片圆状倒卵形；中央可孕花较小。

4~5月

桃金娘 ☀💧

桃金娘科桃金娘属，常绿灌木。叶对生，
厚革质，倒卵形或长椭圆形，暗绿色，
叶脉清晰；聚伞花序腋生，花冠粉红色，
花瓣 5 片，倒卵形。

4~5月

4~5月

红毒茴 ☀❄❄💧☠

木兰科八角属，灌木或小乔木。叶革质，
多互生，倒卵状椭圆形或披针形，柄较
纤细；花单生或数朵簇生，淡红色或深
红色，花瓣肉质，长圆状倒卵形。

重瓣棣棠 ☀❄❄💧

蔷薇科棣棠花属，落叶灌木。叶互生，窄卵形，先端渐尖，
基部近圆形，叶缘具锐锯齿；花金黄色，重瓣，顶生于侧枝上，
花瓣宽椭圆形，先端微凹。

4~6月

棣棠花 ☼ ❀ ❀ ❀ ◌

蔷薇科棣棠花属,落叶灌木。叶卵形或
三角形,边缘有重锯齿,叶面微生短柔
毛;花单生于侧枝顶端,花冠黄色,裂
片5片,宽椭圆形。

4~6月

鸡麻 ☼ ❀ ❀ ❀ ◌

蔷薇科鸡麻属,落叶灌木。叶对生,卵
形,叶缘具锐锯齿;单花顶生于新梢上,
花浅杯状,白色,花瓣4片,倒卵形或
近圆形。

4~6月

香水草 ☼ ◌

紫草科天芥菜属,小灌木作一年生栽培。
单叶互生,卵状披针形或卵圆形,全缘,
表面皱缩;聚伞花序顶生,花冠紫色或
淡紫色,漏斗状,冠檐5裂,花香浓郁。

4~6月

锦带花 ☼ ❀ ❀ ❀ ◌

忍冬科锦带花属,落叶灌木。叶长椭圆形或倒卵状椭圆形,
叶缘具齿,主脉密生短柔毛,柄短或无柄;花单生或成聚伞
花序顶生,花冠漏斗状,紫红色或粉红色。

4~6月

紫叶小檗 ☼ ❀ ❀ ❀ ❀ ◌ ☠

小檗科小檗属,落叶灌木。叶菱状卵形,全缘,红紫色,秋
季变为亮红色;花淡黄色,2~5朵集成伞形花序,花瓣长圆
状倒卵形,先端略凹。

4~6月

宝莲花 ☀ 💧

野牡丹科酸脚杆属，常绿灌木。单叶较大，对生，椭圆形至卵形，无柄；圆锥花序下垂，小花密集，粉红色，花序底部有粉红色或粉白色总苞片。

4~6月

插田泡 ☀ ❄ ❄ 💧

蔷薇科悬钩子属，落叶灌木。单数羽状复叶，小叶 5~7 枚，卵形或菱状卵形，叶缘有不规则粗齿；伞房花序顶生，花淡粉色，花瓣 5 片，倒卵形。

4~7月

鸡冠刺桐 ☀ ❄ 💧

豆科刺桐属，落叶灌木或小乔木。奇数羽状复叶，小叶 1~2 对，卵形，先端稍钝；花叶同出，总状花序腋生，小花蝶形，深红色，略下垂。

4~8月

九里香 ☀ 💧

芸香科九里香属，常绿灌木。奇数羽状复叶，具小叶 3~7 枚，小叶倒卵状椭圆形，叶柄很短；聚伞花序顶生或腋生，花白色，花瓣 5 片，长椭圆形。

4~9月

月季 ☀ ❄ ❄ 💧 🍴

蔷薇科蔷薇属，落叶灌木。叶互生，奇数羽状复叶，小叶 3~5 枚，卵状长圆形或宽卵形；花数朵集生或单生于枝端，花冠红色、粉红色至白色，重瓣，花瓣倒卵形。

4~9月

柽柳 ☀ ❄ ❄ ❄ 💧

柽柳科柽柳属，落叶灌木或小乔木。叶较窄小，长圆状披针形或长卵形，蓝绿色；总状花序组成顶生圆锥花序，小花粉红色，花瓣5片，卵状椭圆形。

4~12月

吊钟花 ☀ 💧

柳叶菜科倒挂金钟属，落叶小灌木。单叶对生，卵形或狭卵形；花单独或成对腋生，俯垂，叶状萼片红色，向上反折，花瓣紫红色、粉红色或白色。

4~10月

鸳鸯茉莉 ☀ 💧

茄科鸳鸯茉莉属，常绿灌木。纸质单叶互生，长椭圆形或披针形，全缘；花单生或数朵簇生，花冠高脚碟状，檐部5裂，初开蓝紫色，渐成淡蓝色，后变白色。

4~10月

现代月季 ☀ ❄ ❄ 💧

蔷薇科蔷薇属，常绿或半常绿灌木。奇数羽状复叶，小叶3~5枚，多卵状椭圆形，叶缘具密齿；花常数朵簇生，深红色、粉红色、白色和复色等。

4月至次年2月

圆锥大青 ☀ 💧

马鞭草科大青属，常绿灌木。叶对生，宽卵状圆形，边缘3~7浅裂，叶柄较长；圆锥花序顶生，总梗绯红色，小花长筒形，粉白色，先端5裂。

牡丹 ⚙5月 ☀❄💧✂

毛茛科芍药属，落叶灌木。二回三出复叶，4~5 片；顶生小叶呈宽卵形，长 7~8 厘米，侧生小叶呈长圆状卵形或狭卵形，长 4~6 厘米；花较大，单生于枝顶，直径 10~17 厘米；花瓣 5 片或为重瓣，倒卵形，长 5~8 厘米，顶端呈不规则波状，颜色丰富多变。

花王

景玉

海黄

黑花魁

银红巧对

赵粉

状元红

丹炉红

岛锦

5月

金缕梅 ☀❄❄❄💧

金缕梅科金缕梅属，落叶灌木或小乔木。叶阔倒卵圆形，薄革质，叶缘具波状钝齿；总状花序顶生或腋生，花萼暗红色，花瓣带状，黄白色。

5~6月

新疆忍冬 ☀❄❄❄💧☠

忍冬科忍冬属，落叶灌木。叶纸质，卵状矩圆形或卵形，暗绿色，叶缘有短糙毛；花冠管状至喇叭状，白色、粉红色或红色。

5月

毛刺槐 ☀❄❄❄💧☠

豆科刺槐属，落叶灌木。奇数羽状复叶，小叶 7~15 枚互生，广椭圆形；总状花序下垂，具花 3~7 朵，小花花冠蝶形，淡紫色或粉红色。

5~6月

5~6月

山梅花 ☀❄❄💧

虎耳草科山梅花属，落叶灌木。叶卵形或卵状披针形，叶缘有疏齿，略被毛；5~11 朵花集成总状花序，花冠辐状，花瓣白色，卵形或近圆形。

鸡树条 ☀❄❄💧

忍冬科荚蒾属，落叶灌木。单叶对生，卵圆形或阔卵圆形，多 3 浅裂；伞形聚伞花序顶生，外围不孕花辐状，花瓣白色，近圆形，中央可孕花较小，乳黄色。

5~6月

红王子锦带花 ☀ ❋ ❋ ◐

忍冬科锦带花属，落叶灌木。单叶对生，长椭圆形，叶缘具齿；花单生或成聚伞花序，花冠胭脂红色，漏斗状钟形，檐部5裂。

5~6月

蓝果忍冬 ◐

忍冬科忍冬属，落叶灌木。叶宽椭圆形，厚纸质，嫩绿色；花数朵簇生于叶腋，花冠黄白色，筒状漏斗形，俯垂，外被绒毛。

5~6月

黄刺玫 ☀ ❋ ❋ ◐

蔷薇科蔷薇属，落叶灌木。奇数羽状复叶，小叶7~13枚，多宽卵圆形，叶缘具齿；花单独腋生，花冠黄色，单瓣或重瓣，花瓣宽倒卵形。

5~6月

小花老鼠簕 ☀ ◐

爵床科老鼠簕属，直立灌木。叶近革质，倒卵状长圆形，叶缘3~4羽状浅裂，无被毛；穗状花序顶生，花冠白色或淡粉色，冠檐二唇形，上唇退化，下唇长圆形。

5~6月

银柳 ☀❄❀💧

杨柳科柳属，落叶灌木。叶互生，披针形，叶缘具细锯齿；雌雄异株，花芽肥大，苞片紫红色，先花后叶，荑荑花序，苞片脱落后，露出银白色花芽。

5~6月

红瑞木 ☀❄❀💧

山茱萸科梾木属，落叶灌木。叶对生，椭圆形，绿色，秋季转红色；伞房状聚伞花序顶生，花较小，乳白色或淡黄白色，花瓣4片，卵状椭圆形。

5~6月

荚迷 ☀❄❀💧✕

忍冬科荚迷属，落叶灌木。叶对生，倒卵形或宽卵形，叶缘有锯齿，深绿色，秋季转红色；多花密集形成复伞形式的聚伞花序，花白色，裂片5片，圆卵形。

5~6月

白花重瓣溲疏 ☀❄❀❄💧

虎耳草科溲疏属，落叶灌木。叶对生，长椭圆形，有短柄，边缘有锯齿，浓绿色；圆锥花序顶生，小花白色带粉红色晕，花瓣5片，长椭圆形。

5~6月

石榴花 ☀❄❀❄💧✕

石榴科石榴属，落叶灌木或小乔木。叶对生或簇生，长披针形或倒卵形；花两性，钟状花结果，筒状花凋落不实，花有单瓣、重瓣之分，多为红色。

5~6月

5~6月

溲疏 ☀❀❀❀💧

虎耳草科溲疏属，落叶灌木。叶对生，长卵形，暗绿色，有短柄，边缘有小锯齿，圆锥花序顶生，小花密集，花冠白色，花瓣5片，长圆形。

玫瑰 ☀❀❀💧✄

蔷薇科蔷薇属，落叶灌木。奇数羽状复叶互生，小叶5~9枚，椭圆形；花单生于叶腋，或数朵簇生，杯状，花冠紫红色，花瓣倒卵形，重瓣至半重瓣，芳香。

5~6月

5~6月

凤尾兰 ☀❀❀❀💧

龙舌兰科丝兰属，常绿灌木。叶窄披针形，密集成簇，螺旋排列于茎端，质地坚硬，被白粉；圆锥花序直立，花钟状，大而下垂，乳白色，常带红晕。

蝟实 ☀❀❀❀💧

忍冬科蝟实属，落叶灌木。叶片单生，卵状椭圆形，深绿色，两面被短毛；伞房花序顶生，花钟状，小而密集，花冠淡粉色，檐部5裂。

5~7 月

野牡丹 ☼ ♦

野牡丹科野牡丹属，常绿灌木。叶对生，广卵形，坚纸质，全缘，两面有毛；伞房花序疏散，顶生于分枝端，花冠紫色或紫红色，花瓣 5 片，倒卵形。

5~7 月

缫丝花 ☼ ✽ ✽ ♦

蔷薇科蔷薇属，落叶灌木。奇数羽状复叶，小叶 9~15 枚，长卵圆形或椭圆形，叶脉清晰；花单瓣或重瓣，粉红或淡红色，花瓣倒卵形，先端浅 2 裂。

5~7 月

半日花 ☼ ✽ ✽ ✽ ♦

半日花科半日花属，常绿灌木。革质单叶对生，狭卵形或长披针形，叶缘多反卷，被白色短柔毛；花单独顶生，花瓣黄色，5 片，倒卵形，先端平截或微凹。

5~7 月

5~7 月

南天竹 ☼ ✽ ♦

小檗科南天竹属，常绿灌木。羽状复叶互生，二至三回羽片全对生，小叶革质，椭圆形，全缘无毛；圆锥花序顶生，小花白色，花瓣长圆形。

小叶女贞 ☼ ✽ ✽ ♦

木犀科女贞属，落叶或半常绿小灌木。叶多形，薄革质，叶缘反卷，几无柄；圆锥花序近圆柱形，顶生，花冠白色，芳香，裂片卵形或椭圆形。

5~7月

龙船花

茜草科龙船花属，常绿灌木。叶对生或 4 枚近轮生，长圆状披针形至长圆状倒披针形；聚伞花序顶生，花冠高脚碟状，红色或红黄色，花瓣 4 片，近圆形或倒卵形。

5~7月

仙女越橘

杜鹃花科倒壶花属，常绿灌木。叶窄卵形或条状披针形，革质全缘；伞状聚伞花序顶生，花冠坛状，俯垂，先端 5 裂并反卷，粉红色或粉白色。

5~7月

栀子

茜草科栀子属，常绿灌木。革质叶对生或 3 叶轮生，长圆状披针形；花单生，花冠乳黄色或白色，高脚杯状，花冠管细圆筒形，裂片多为 6 片，倒卵状长圆形，芳香。

5~7月

金露梅

蔷薇科委陵菜属，落叶灌木。羽状复叶，小叶卵状披针形或长圆形，绿色，全缘；花单朵或数朵顶生，花浅碟状，黄色，花瓣 5 片，宽倒卵形或近圆形。

5~8月

金丝桃

藤黄科金丝桃属，常绿或半常绿灌木。叶对生，椭圆形或长圆形，浓绿色具褐色腺点，全缘；花单生或成聚伞花序，花金黄色，花瓣5片，三角状倒卵形，雄蕊密且长。

5~8月

茉莉

木犀科素馨属，常绿灌木。单叶对生，卵状椭圆形或椭圆形；聚伞花序顶生，具花1~5朵，极芳香，花冠白色，有单瓣、半重瓣、重瓣之别。

5~8月

黄蝉

夹竹桃科黄蝉属，常绿灌木。叶对生或3~5枚轮生，长圆状倒披针形或椭圆形，被短柔毛；聚伞花序顶生，花冠金黄色，阔漏斗形，檐部5裂。

5~8月

夜香树 ☼ 💧

茄科夜香树属，常绿灌木。叶互生，阔披针形至长椭圆形；伞房状聚伞花序，腋生或顶生，花冠黄绿色，高脚碟状，檐部 5 裂，晚间芳香。

5~9月

紫穗槐 ☼ ❋ ❋ 💧

豆科紫穗槐属，落叶灌木。奇数羽状复叶互生，具小叶11~25 枚，椭圆形或长卵形；穗状花序顶生或腋生，多俯垂，紫色蝶形小花密集。

5~9月

探春花 ☼ ❋ ❋ ❋ 💧

木犀科茉莉属，半常绿灌木。羽状复叶互生，小叶 3~5 枚，卵形或卵状椭圆形，光滑无毛；聚伞花序顶生，花冠高脚碟状，黄色花瓣 5 片。

5~10 月

大叶醉鱼草 ☼ ❋ ❋ ❋ ◊

马钱科醉鱼草属，落叶灌木。叶对生，薄纸质或膜质，卵状披针形或狭椭圆形；圆锥状聚伞花序顶生，花密生成簇，有淡紫色、黄色、白色等，有芳香，特别诱蝶。

5~10 月

金铃花 ☼ ◊

锦葵科苘麻属，常绿灌木。掌状叶 3~5 深裂，墨绿色，几乎无毛，叶柄较长；花单生于叶腋，花钟形，俯垂，橘黄色具紫色脉纹。

5~11 月

狗牙花 ☼ ◊

夹竹桃科狗牙花属，常绿灌木。叶对生，坚纸质，长椭圆状披针形，深绿色，全缘；聚伞花序腋生，花白色，高脚碟状，形如栀子花。

橙黄沟酸浆 ☀ ❋ 💧

玄参科沟酸浆属，常绿灌木。叶披针形，浓绿色具光泽，有粘性，全缘；花冠喇叭状，有橙色、黄色或深红色，冠檐二唇形，上唇2裂，下唇3裂。

岩蔷薇 ☀ ❋ ❋ 💧

半日花科岩蔷薇属，常绿灌木。单叶对生，披针形，暗绿色；花较大，单独顶生，花冠辐状，白色，花心雄蕊四周有红色斑。

沙漠玫瑰 ☀ 💧

夹竹桃科天宝花属，落叶肉质灌木。革质单叶互生，倒卵形，暗绿色，全缘；伞房花序顶生，花冠高脚碟状，檐部5裂，有玫红色、粉红色、白色及复色等。

薰衣草 ☀ ❋ ❋ ❋ 💧

唇形科薰衣草属，常绿灌木。叶线形或披针状线形，密被绒毛；多个轮伞花序集成穗状花序，小花蓝紫色，冠檐二唇形，上唇直伸，2裂，下唇开展，3裂。

金丝梅 ☀ ❋ ❋ ❋ 💧

藤黄科金丝桃属，半常绿或常绿灌木。叶对生，卵状披针形或长卵形；伞房花序，花金黄色，花瓣5片，宽倒卵形或长圆状倒卵形。

6~7月

6~8月

刺五加 ☀ ❋ ❋ ◐ ✗

五加科五加属，落叶灌木。掌状复叶，小叶矩圆形或椭圆状倒卵形；伞形花序单生于叶腋或顶生，多花密集呈球状，小花淡紫黄色，卵形花瓣5片。

假连翘 ☀ ◐

马鞭草科假连翘属，常绿灌木。纸质叶多对生，卵状披针形或卵状椭圆形，微被柔毛；圆锥花序顶生或腋生，下垂，花冠有蓝紫色或白色，花瓣5片。

6~7月

重瓣臭茉莉 ☀ ◐

马鞭草科大青属，落叶灌木。叶宽卵形，叶缘具粗齿，揉碎有臭味；伞房状聚伞花序顶生，花冠红色、淡红色或白色，花瓣卵圆形，雄蕊常异化成花瓣。

6~7月

6~8月

东北山梅花 ☀ ❋ ❋ ◐

虎耳草科山梅花属，落叶灌木。叶椭圆状卵形或卵形，先端渐尖，基部楔形；总状花序，具花5~7朵，花冠白色，花瓣长圆状倒卵形。

金叶假连翘 ☀ ◐

马鞭草科假连翘属，常绿灌木。叶对生，金黄色至黄绿色，长卵圆形或卵状椭圆形；圆锥花序，顶生或腋生，下垂，花蓝色、紫色或淡蓝紫色。

大黄芒柄花 ☀ ✳ ✳ ✳ ✳ 💧

豆科芒柄花属，常绿灌木。3 小叶复叶，被绒毛；花簇生下垂，小花蝶形，花冠黄色，带红色条纹。

红千层 ☀ ✳ ✳ ✳ 💧

桃金娘科红千层属，常绿灌木或小乔木。叶窄长，暗绿色，先端尖；穗状花序，聚生于枝顶，小花稠密，花瓣线形，深红色。

珊瑚花 ☀ 💧

大戟科麻风树属，常绿灌木。叶互生或丛生枝端，掌状裂片，9~11 裂，纸质，全缘；聚伞花序顶生，花冠红色，状似珊瑚。

绣线菊 ☀ ✳ ✳ ✳ 💧

蔷薇科绣线菊属，落叶灌木。叶披针形或椭圆状披针形，叶缘具锐齿，无被毛；复伞房花序多花密集，小花粉红色，花瓣卵形，花丝较长。

6~8月

腊莲绣球 ☀ 💧

虎耳草科绣球属，落叶灌木。单叶对生，披针形，叶缘具细锯齿，齿尖有刺；聚伞花序，外围萼片花瓣状，白色，先端边缘锯齿状，花粉蓝色或蓝紫色，扩展或连合成冠盖。

6~8月

夜合花 ☀ 💧

木兰科木兰属，常绿灌木或小乔木。叶革质，椭圆形，深绿色有光泽；花单朵，顶生，圆球形，昼开夜合，花被片9片，纯白色，倒卵形。

6~8月

气球花 ☀ ❄ 💧 ☠

萝藦科钉头果属，常绿灌木。叶片长披针形或线形；聚伞花序，小花顶生或腋生，花萼5片，白色，五星状，花瓣5片，粉色；果实黄绿色，表面有刺突，中空，呈球形。

6~8月

绣球 ☀ 💧

虎耳草科绣球属，落叶或半常绿灌木。叶纸质或近革质，阔椭圆形或倒卵形；伞房状聚伞花序近球形，总花梗较短，小花密集，淡蓝色、粉红色或白色。

6~8月

串钱柳 ☀❄❄💧

桃金娘科红千层属，常绿灌木或小乔木。叶革质，多线状披针形，密生黑色腺点；穗状花序稠密，花瓣线形，深红色。

6~9月

三花莸 ☀❄❄💧

马鞭草科莸属，落叶亚灌木。叶纸质，卵圆形至长卵形，叶缘生钝齿，叶柄被毛；花腋生，紫红色或淡红色，花冠二唇形，下唇中裂片长兜状，内生紫红斑点。

6~9月

紫薇 ☀❄💧

千屈菜科紫薇属，落叶灌木或小乔木。纸质叶互生或对生，倒卵形或阔矩圆形；圆锥花序顶生，花玫红色、淡红色、白色或紫色，花瓣边缘皱缩。

6~9月

鬼吹箫 ☀❄❄💧

忍冬科鬼吹箫属，落叶灌木。叶对生，卵状披针形或长圆状卵形，密被毛；穗状花序顶生或腋生，苞片叶状，绿色染紫或紫红色，花冠漏斗状，白色或粉红色。

6~10 月

6~10 月

糯米条 ☀ 💧

忍冬科六道木属，落叶灌木。叶对生或 3 枚轮生，长圆状卵形或圆卵形，叶缘疏生圆齿；聚伞花序顶生或腋生，花白色至粉红色，花冠漏斗状，檐部 5 裂，裂片圆卵形。

兰香草 ☀ 💧

马鞭草科莸属，落叶灌木。叶对生，卵状矩圆形或卵形，叶缘具粗齿，叶柄较短；聚伞花序腋生，多花，小花淡蓝色，冠檐 5 裂。

6~10 月

6~11 月

昙花 ☀ 💧

仙人掌科昙花属，附生肉质灌木。叶状枝侧扁，椭圆状披针形，边缘波状或具深齿；花单生，漏斗状，瓣状花被片白色，于夜间开放，极芳香。

毛旋花 ☀ 💧

夹竹桃科羊角拗属，常绿灌木。单叶互生，长圆状披针形，翠绿有光泽，全缘；花冠漏斗状，淡红色，喉管有鳞状附生物，花瓣蜡质。

枸杞 ☀ ❄ ❄ ❄ 💧 ✳

茄科枸杞属，落叶灌木。纸质单叶互生
或 2~4 枚簇生，卵状披针形或长椭圆形
花单生于叶腋或数朵簇生，花冠淡紫色，
漏斗状，檐部 5 深裂。

珊瑚刺桐 ☀ 💧

豆科刺桐属，落叶灌木或小乔木。羽状
复叶具 3 小叶，小叶菱状卵形，两面无
毛；总状花序较长，腋生，蝶形花密集，
深红色，花梗较短。

海州常山 ☀ ❄ ❄ ❄ 💧

马鞭草科大青属，落叶灌木。叶片纸质，
三角状卵形或卵状椭圆形，叶柄较长；
伞房状聚伞花序顶生或腋生，花萼紫红
色，花冠深粉红色或白色，先端 5 裂。

烟火树 ☀ 💧

马鞭草科大青属，常绿灌木。叶对生，长椭圆形，墨绿色，
叶背暗紫红色；聚伞状圆锥花序顶生，花冠长筒形，紫红色，
檐部具 4~5 枚条形花瓣，纯白色。

金蒲桃 ☀ 💧

桃金娘科金蒲桃属，常绿灌木或小乔木。叶革质，暗绿色，
长披针形，全缘；多个球状花序组成聚伞花序顶生，花金黄色，
雄蕊极长且多数。

6~11 月

米仔兰 ☀ 💧 ✖

楝科米仔兰属，常绿灌木或小乔木。奇数羽状复叶，互生，每复叶有小叶 3~5 枚，倒卵圆形；圆锥花序腋生，小花黄色，极芳香。

6~11 月

鸟尾花 ☀ 💧

爵床科十字爵床属，常绿亚灌木。单叶对生，阔披针形或狭卵形，亮绿色，平滑有光泽；穗状花序顶生或腋生，花冠漏斗形，橙红色或黄色。

7月

无毛风箱果 💧

蔷薇科风箱果属，落叶灌木。叶阔披针形，3 浅裂或不裂，叶缘具重锯齿，绿色有光泽；伞形总状花序顶生，小花白色，花瓣倒卵形。

珍珠梅 ☀ ✻ ✻ ✻ ◐

蔷薇科珍珠梅属，落叶灌木。奇数羽状复叶，小叶 13~21 枚对生，卵状披针形或披针形；圆锥花序顶生，小花密集，花冠白色，卵形。

百里香 ☀ ✻ ✻ ◐ ✕

唇形科百里香属，常绿亚灌木。小叶卵圆形，质地较厚；花序头状，花冠淡红色、紫红色、紫色或淡紫色，疏被短柔毛，冠檐二唇形。

牡荆 ☀ ✻ ✻ ◐

马鞭草科牡荆属，落叶灌木或小乔木。掌状 5 出复叶对生，小叶叶缘具齿，几乎无毛；圆锥状聚伞花序顶生或侧生，花冠淡紫色，花瓣 5 片。

蓝雪花 ☀ ✻ ✻ ✻ ◐

白花丹科蓝雪花属，常绿小灌木。叶互生，宽卵形或倒卵形，秋季变深红色；总状花序顶生和腋生，花冠淡蓝色，高脚碟状。

7~9 月

7~10 月

胡枝子 ☼ ❋ ❋ ❋ ❋ ◊ ✗

豆科胡枝子属，落叶灌木。羽状复叶具 3 小叶，小叶质地较薄，卵状长圆形或倒卵形；总状花序生于叶腋，蝶形花红紫色，稀见白色。

大花六道木 ☼ ❋ ❋ ❋ ◊

忍冬科六道木属，落叶或半常绿灌木，植株较矮小。叶长圆状披针形，深绿色有光泽；花 1 或数朵组成腋生，花冠漏斗形，檐部 5 裂，白色带粉红色。

7~9 月

7~10 月

美丽胡枝子 ☼ ❋ ❋ ❋ ❋ ◊

豆科胡枝子属，落叶灌木。羽状复叶具 3 小叶，小叶椭圆形或长卵形，稍被柔毛，全缘；总状花序腋生，蝶形花小花密集，花冠红紫色。

木芙蓉 ☼ ◊ ✗

锦葵科木槿属，落叶灌木或小乔木。掌状叶较大，单叶互生，多 5~7 裂，裂片三角形；花单生或簇生于叶腋，花初开时白色或淡红色，后变深红色，花瓣近圆形。

木槿 ☀️ ❄️ ❄️ 💧 ✂️

锦葵科木槿属，落叶灌木。叶片菱形卵状，
3裂或不裂；花单生于叶腋，花冠漏斗形，
有淡粉、淡紫、紫红、纯白等色，花瓣
倒卵形，基部颜色较深，先端波纹状。

臭牡丹 ☀️ ❄️ ❄️ 💧

马鞭草科大青属，落叶灌木。纸质叶对生，卵形或阔卵形，
叶缘有粗糙锯齿；聚伞花序顶生，半球形，花冠红紫色至深
粉红色，裂片倒卵形。

红花丹 ☀️ 💧

白花丹科白花丹属，直立或攀缘状亚灌
木。叶长圆状卵形，纸质，无柄；穗状
花序顶生，较长，花冠红色，花冠管细长，
檐部裂片卵形。

狭叶十大功劳 ☀️ ❄️ ❄️ 💧

小檗科十大功劳属，常绿灌木。奇数羽状复叶，硬革质小叶
5~9枚，狭披针形，无被毛，边缘具齿；总状花序顶生，小
花黄色，花瓣6片，披针形。

朱缨花 ☀️ 💧

豆科朱缨花属，常绿灌木或小乔木。二
回羽状复叶，具小叶7~9对，斜披针形；
头状花序腋生，花小而多，呈绒球状，
雄蕊极多数，深红色。

8~10 月

素馨花 ☀ 💧

木犀科素馨属，半常绿灌木。叶对生，
羽状深裂或具 5~9 枚小叶，小叶长卵
形；聚伞花序顶生或腋生，花冠白色，
花瓣长卵形，芳香。

9 月

红花蕊木 ☀ 💧

夹竹桃科蕊木属，常绿灌木。叶长圆状披针形，纸质，光滑
无毛，深绿色具光泽；聚伞花序顶生，花冠淡粉红色，冠筒
细长，花瓣 5 枚，长圆形，喉部红色。

8~12 月

茶树 ☀ ❄ 💧 ✂

山茶科山茶属，常绿灌木或小乔木。单
叶互生，薄革质，椭圆形或矩圆形，叶
缘有齿；花单生或数朵生于叶腋，花冠
白色，花瓣 5~6 片，宽倒卵形。

9~12 月

8 月至次年 1 月

红花木曼陀罗 ☀ 💧 ☠

茄科木曼陀罗属，常绿灌木。叶宽卵形，
边缘具规则疏钝齿；单生花较大，喇叭
状，俯垂，粉红色至橙红色。

胡颓子 ☀ ❄ ❄ ❄ 💧 ✂

胡颓子科胡颓子属，常绿灌木。叶片互生，革质，密生灰白
腺点，宽椭圆形或椭圆形；花 1~3 朵腋生于锈色短枝上，银
白色或乳白色，花朵筒状下垂，花瓣 4 片。

9 月至次年 1 月

阔叶十大功劳 ☀ ◐

小檗科十大功劳属，常绿灌木。叶互生，羽状复叶具厚革质，小叶 7~15 枚，近长圆形，叶缘具粗钝齿；总状花序直立，花黄色，花瓣倒卵状椭圆形。

10 月至次年 4 月

茶梅 ☀ ❀ ❀ ◐

山茶科山茶属，常绿灌木。叶互生，革质，椭圆形至长圆卵形，绿色有光泽，叶缘具细齿；花顶生，多白色和红色，有重瓣或半重瓣。

10~11 月

八角金盘 ☀ ❀ ◐

五加科八角金盘属，常绿灌木。叶大，互生，革质，掌状 7~9 深裂，裂片长圆状卵形；圆锥形聚伞花序顶生，花序轴较长，花黄白色。

10 月至次年 4 月

垂茉莉 ☀ ◐

马鞭草科大青属，常绿灌木。叶对生，长圆状披针形或长圆形，近革质，无被毛，全缘；圆锥状伞形花序，下垂，花冠白色，花瓣倒卵形，花丝较长。

11月

迷迭香 ☀❋❋💧🍴

唇形科迷迭香属，多年生常绿亚灌木。叶常丛生于枝上，近无柄，叶片线形，革质，全缘；花对生，少数于茎枝顶端聚集，组成总状花序，小花蓝紫色，冠檐二唇形。

11月至次年3月

蜡梅 ☀❋❋💧🍴

蜡梅科蜡梅属，落叶灌木。叶片对生，卵状椭圆形或长圆状披针形；花腋生，先开花后长叶，下垂，黄色花瓣有内外2轮，内轮花被片比外轮短。

11~12月

金花茶 ☀❋❋💧

山茶科山茶属，常绿灌木或小乔木。叶革质，长椭圆形或倒披针形，深绿色，具蜡质光泽，无被毛；花单生或2朵聚生叶腋，花冠金黄色，花瓣8~12片，近圆形。

11月至次年5月

松红梅 ☀❋💧

桃金娘科薄子木属，常绿小灌木。叶互生，线形或线状披针形，灰绿色；花有单瓣、重瓣之分，红色、粉红色、玫红色、白色等，花瓣近圆形。

12 月至次年 3 月

郁香忍冬 ☼ ❋ ❋ ❋ ◊

忍冬科忍冬属，半常绿灌木。叶厚纸质或革质，长圆状卵形或卵形，暗绿色；花先于叶开放，成对腋生，花短管状，花瓣二唇形，白色，芳香。

1~3 月

寒绯樱 ☼ ❋ ❋ ◊

蔷薇科樱属，落叶灌木。嫩叶具丝状的托叶；花单生或 3~5 朵聚生于叶腋，先于叶开放，花冠吊钟状，俯垂，深紫红色花瓣。

12 月至次年 5 月

玉梅 ☼ ◊

桃金娘科玉梅属，常绿灌木。叶墨绿色，针形，先端具小钩；花白色、粉色或玫瑰红色，花心深凹，花瓣 5 片，卵圆形或近圆形，形似梅花。

1~4 月

假叶树 ☼ ❋ ❋ ❋ ◊

假叶树科假叶树属，常绿亚灌木。叶退化为鳞芽，枝条呈叶状，卵形，暗绿色，全缘；花星状，极小，白色或绿白色，1~2 朵生于叶状枝上面中脉的下部。

茶花 ⚙ 2~4月 ☀❄❄❄❄💧⚒

　　山茶科山茶属，常绿灌木或小乔木。叶片革质，椭圆形，长 5~10 厘米，先端稍尖，基部阔楔形，上面深绿色下面浅绿色，光滑无毛，中脉在叶背明显突起，叶柄较短；花顶生，几乎无柄，花大多数为红色或淡红色，也有白色，花型多样，有单瓣、半重瓣、重瓣等，花瓣倒卵圆形，长 3~4 厘米。

白衣大皇冠

白彩霞

大和锦

道恩的曙光

戴维斯夫人

宫粉

花美红

广东粉

花五宝茶

拉维利亚·马吉

松子壳

玛格丽特·戴维斯

2~4月

全年

迎春花 ☼❄✳💧⚒

木犀科素馨属，落叶灌木。三出复叶对生，小叶矩圆形或卵形，先端狭而突尖，全缘；花单生，先叶开放，花冠黄色，高脚碟状，裂片5~6片，椭圆形或长圆形。

马樱丹 ☼💧

马鞭草科马樱丹属，常绿灌木。叶对生，卵状长圆形，叶缘具钝齿；头状花序呈伞房状，顶生，小花漏斗形，黄色或橙黄色，后变深红色。

全年

全年

虎刺梅 ☼💧☠

大戟科大戟属，常绿半肉质灌木。叶互生，长圆状匙形或倒卵形，全缘；杯状聚伞花序，腋生，花小，淡黄色，苞叶2片，红色。

牛角瓜 ☼❄💧☠

萝藦科牛角瓜属，常绿灌木。叶对生，椭圆状长圆形，被灰白绒毛，叶柄极短或无柄；聚伞花序腋生和顶生，花冠淡紫蓝色，辐状，裂片卵圆形。

朱槿 ☀ 💧 ✂

锦葵科木槿属，常绿灌木。单叶互生，宽卵形或狭卵形，叶缘具粗齿或缺刻；花单生于叶腋，常俯垂，花冠有红色、粉红色、黄色、橙色等，漏斗形，花瓣倒卵形，还有单瓣和重瓣。

佛肚树 ☀ 💧

大戟科麻疯树属，落叶肉质灌木。叶阔大，轮廓近圆形，全缘或2~6浅裂，无被毛，叶柄较长；花序顶生，花红色，花瓣长圆状倒卵形。

大花茄 ☀ 💧

茄科茄属，常绿灌木或小乔木。叶较大，互生，多羽状半裂，叶面具刚毛；二歧聚伞花序侧生，花冠星状，淡粉紫色至蓝紫色，冠檐宽5裂。

吊灯扶桑 ☀ 💧

锦葵科木槿属，常绿灌木。叶长圆形或长椭圆形，叶缘具齿，光滑无被毛；花单生于叶腋，下垂，花深红色，花瓣5片，深裂呈流苏状，向上反曲。

全年

金凤花 ☀ 💧

豆科云实属，落叶灌木或小乔木。二回羽状复叶，对生，具小叶 7~11 对，倒卵形或长椭圆形；总状花序顶生或腋生，花瓣橙红色，边缘黄色且皱波状。

全年

悬铃花 ☀ 💧

锦葵科悬铃花属，常绿灌木。叶互生，长椭圆形，叶缘具粗齿；花单生于叶腋，吊钟状，向下悬垂，花瓣螺旋状卷曲，深红色。

全年

夹竹桃 ☀ 💧 ☠

夹竹桃科夹竹桃属，常绿灌木。叶 3~4 枚轮生，长披针形，叶面深绿，叶背浅绿；聚伞花序顶生，花冠深红色、粉红色或白色，漏斗状。

第四章

乔木类花卉

　　乔木花卉，通俗来说，指植株高大、有直立树干且树冠和树干有明显区分的一类开花植物，根据其落叶与否可分为落叶乔木和常绿乔木。乔木花卉植物因其植株高大、冠形优美且能净化空气的特点常被用作城市行道树。它们有的很常见，如小叶女贞、石楠、黄金树、棕榈等，有的可能你连名字也没听过，如柽柳、榅桲、喜树、流苏树、糖胶树等。无论常见还是陌生，这些美丽的植物都为我们的生活增添了不少氧气呢！

桃树 ☀✳❋◍✕

蔷薇科桃属，落叶小乔木。叶狭披针形
或窄椭圆形，先端尖细，叶缘具细齿；
花单生，先于叶开放，花碗状，单瓣，
粉红色，花瓣 5 片，宽倒卵形。

垂丝海棠 ☀◍

蔷薇科苹果属，落叶小乔木。叶卵形或长椭圆状卵形，深
绿色；伞房花序具花 4~6 朵，花梗细弱下垂，花瓣倒卵形，
粉红色。

蒲桃 ☀◍

桃金娘科蒲桃属，常绿乔木。叶革质，
暗绿色，长圆形或披针形，边缘微皱波
状；聚伞花序顶生，花瓣绿白色，阔卵形，
雄蕊极长且多数。

油桐 ☀◍

大戟科油桐属，落叶乔木。叶互生，卵
圆形或心状卵形，全缘或 3 浅裂，叶脉
掌状，叶柄较长；花雌雄同株，花瓣 5 片，
倒卵形，白色，具淡红色脉纹。

樱桃 ☀✳❋◍✕

蔷薇科樱属，落叶小乔木。叶长圆状卵形，叶缘具锐齿，疏
被毛或近无毛；花 3~6 朵簇生，或成伞房状总状花序，先叶
开放，花白色，花瓣 5 片，卵圆形，顶端略凹。

泡桐 ☀❄❄❄◐✗

玄参科泡桐属，落叶乔木。叶较大，单叶对生，长卵状心形，全缘或有浅裂，具长柄；聚伞圆锥花序顶生，花喇叭状，较大，淡紫色或白色，内面淡黄色有紫色斑点。

杏树 ☀❄❄❄◐✗

蔷薇科杏属，落叶乔木。叶互生，长卵形或卵圆形，叶缘具齿，叶柄较长；花单生，先叶开放，白色或稍带淡红色，花瓣 5 片，近圆形。

碧桃 ☀❄❄❄◐

蔷薇科李属，落叶小乔木。叶倒卵状披针形或长圆状披针形，叶缘具齿，叶柄粗壮；花单生，先于叶开放，花瓣长圆状倒卵形，红色、粉红色或白色。

银荆 ☀❄❄◐

豆科金合欢属，常绿乔木。二回羽状复叶，小叶线形，革质，银灰色或银绿色；多个头状花序组成总状花序，球状花亮黄色，有香气。

🌼 3~4月

🌼 3~5月

侧柏 ☀❄❄❄💧

柏科侧柏属，常绿乔木。叶极小，墨绿色，鳞片状，交叉对生；单性花雌雄同株，雄球花浅黄褐色，卵圆形，雌花球蓝绿色，被白霜，近球形。

扁轴木 ☀💧

云实科扁轴木属，落叶小乔木。二回偶数羽状复叶，羽片1~3对，羽轴极长，小叶极小而多；总状花序着花2~15朵，顶生，小花杯状，黄色，花瓣5片，旗瓣橙红色。

🌼 3~4月

木棉 ☀💧✄

木棉科木棉属，落叶乔木。掌状复叶，互生，具小叶5~7枚；花单生或数朵簇生于枝端，先花后叶，花大，红色或橙红色，肉质花瓣5片，长圆状倒卵形。

🌼 3~5月

🌼 3~4月

红花荷 ☀❄❄❄💧

金缕梅科红花荷属，常绿小乔木。叶厚革质，卵形，光滑无毛，深绿色；头状花序常弯垂，花萼浅棕色，花瓣红色或淡红色，长披针形。

紫檀 ☀💧

豆科紫檀属，落叶乔木。奇数羽状复叶，下垂，小叶卵形，一般3~5对，光滑无毛，叶脉纤细；总状花序或圆锥花序腋生，较开展，蝶形花黄色，花瓣边缘皱波状。

 3~5月

猴面包树 ☀ 💧 🍴

木棉科猴面包树属，落叶乔木。掌状复叶，小叶长圆状倒卵形，暗绿色；花生于枝端叶腋，花梗极长，悬垂状，花白色，花瓣阔倒卵形，向外反折。

3~6月

小叶榄仁 ☀ 💧

使君子科榄仁树属，落叶乔木。叶革质，琵琶形，嫩绿色，具光泽，背面生短绒毛；穗状花序数个腋生，黄色，花小而密，不显著。

3~5月

梨树 ☀ ❄ ❄ 💧 🍴

蔷薇科梨属，落叶乔木。单叶互生，卵形或长卵形，边缘具齿，叶柄不等长；伞形总状花序，花白色，花瓣5片，近圆形或宽卵圆形。

3~8月

3~5月

荔枝 ☀ 💧 🍴

无患子科荔枝属，常绿乔木。偶数羽状复叶，小叶薄革质，长披针形或卵状披针形，叶缘微皱波状；圆锥花序顶生，分枝较多，小花绿白色，密集。

松树 ☀ ❄ ❄ ❄ 💧

松科松属，常绿乔木。叶针状，常2针、3针或5针一束顶生于枝端；球花单性，雌雄同株，雌球花数个着生于新枝顶端，雄球花多数聚集于新枝下部。

3~8 月

吊瓜树 ☀ 💧

紫葳科吊灯树属，常绿乔木。奇数羽状复叶，对生，小叶 7~9 枚，长圆形或倒卵形，亮绿色有光泽；圆锥花序顶生，下垂，花铃形，红褐色或橘黄色。

3~10 月

相思树 ☀ 💧

豆科相思子属，常绿乔木。叶互生，披针形，镰刀状弯曲，暗绿色；头状花序球形，多 2~3 个簇生于叶腋，花金黄色，雄蕊多数且超出花冠。

3~9 月

红鸡蛋花 ☀ 💧 ☠

夹竹桃科鸡蛋花属，落叶小乔木。叶长圆状倒披针形，厚纸质；聚伞花序顶生，花冠深红色，花瓣狭倒卵形或椭圆形，螺旋状辐散排列。

3~10 月

海芒果 ☀ 💧

夹竹桃科海芒果属，常绿小乔木。叶多集生于枝顶，倒卵状披针形，基部渐狭；聚伞花序顶生，花冠高脚碟状，白色，喉部淡红色，花瓣 5 片。

4 月

李树 ☀ ❄ ❄ 💧 🍴

蔷薇科李属，落叶乔木。叶长椭圆形或长圆状倒卵形，叶缘具齿，深绿色有光泽；花通常 3 朵簇生，先叶开放，花瓣 5 片，白色，长圆状倒卵形。

东京樱花 ☀ ❋ ❋ ❋ ◐

蔷薇科樱属，落叶乔木。叶长椭圆状倒卵形，表面深绿色，背面略染红，叶脉明显；伞形总状花序疏花，花瓣白色或粉红色，长椭圆状卵形，先端2裂。

紫叶李 ☀ ❋ ❋ ❋ ◐

蔷薇科李属，落叶小乔木。叶紫褐色，椭圆形或长卵形，叶缘具密齿；花单生或2~3朵聚生，白色或淡粉色，花瓣5片，匙形或长椭圆形。

珙桐 ☀ ❋ ❋ ❋ ◐

蓝果树科珙桐属，落叶乔木。叶纸质，互生，阔卵形或近圆形，边缘有锯齿；头状花序顶生，有2~3片白色的花瓣状苞片。

菊花桃 ☀ ❋ ❋ ❋ ◐

蔷薇科李属，落叶小乔木。叶椭圆披针形，灰绿色，边缘略卷且具细齿；花单生，重瓣，花瓣窄，披针形，形似菊花，深粉色。

4~5月

4~5月

日本晚樱 ☀ ❋ ❋ ❋ ◌

蔷薇科樱属，落叶乔木。叶卵状或倒卵状椭圆形，叶缘具齿，无被毛；总状伞房花序，花重瓣，粉色，花瓣倒卵形，先端略凹。

棕榈 ☀ ❋ ◌

棕榈科棕榈属，常绿乔木。扇形叶较大，簇生顶部，深裂成线状剑形裂片，质坚硬；花单性，雌雄异株，肉穗花序下垂，花黄绿色，卵球形。

4~5月

4~5月

无忧花 ☀ ◌

豆科无忧花属，常绿乔木。偶数羽状复叶较大型，小叶 5~6 对，近革质，长倒卵形或长椭圆形，下垂；伞房状圆锥花序，小花黄色或橙黄色，花丝较长。

柑橘 ☀ ❋ ◌ ✖

芸香科柑橘属，常绿小乔木。叶宽卵形或椭圆形，大小变异较大，先端略凹，很少全缘；花单生或 2~3 朵簇生，花冠白色，花瓣 4~5 片，披针形。

4~5月

稠李 ☀❋❋❋❋☠

蔷薇科稠李属，落叶乔木。单叶互生，长圆状倒卵形或椭圆形；总状花序腋生，下垂，小花两性，花瓣杯状，白色，长圆形，有芳香。

4~5月

苦楝树 ☀❋❋◐

楝科楝属，落叶乔木。奇数羽状复叶，小叶对生，边缘有齿，暗绿色；圆锥花序，小花星状，淡紫色，花瓣倒卵状匙形。

4~5月

榅桲 ☀❋❋❋◐☠

蔷薇科榅桲属，落叶小乔木。叶卵圆形或长圆形，叶柄较长，无被毛；花单生于枝顶，白色或粉红色，花瓣近圆形或宽卵形。

番石榴 ☀ ◍ ✖

桃金娘科番石榴属，常绿小乔木。单叶对生，叶片革质，椭圆形或长圆形，暗绿色，网脉明显；花单生或 2~3 朵成聚伞花序生于叶腋；花瓣 4~5 片，白色。

七叶树 ☀ ❀ ❀ ❀ ◍ ☠

七叶树科七叶树属，落叶乔木。掌状复叶，由 5~7 枚纸质小叶组成，小叶长圆状披针形；圆锥花序，细长尖塔形，小花白色，花瓣 4 片，基部有爪。

西府海棠 ☀ ❀ ❀ ❀ ◍

蔷薇科苹果属，落叶小乔木。叶多长椭圆形，叶缘具锐齿，叶柄稍长；伞形总状花序，具花 4~7 朵，花梗较长，花瓣粉红色，近圆形或长椭圆形。

槐树 ☀ ❀ ❀ ◍ ✖

豆科槐属，落叶乔木。羽状复叶，纸质，小叶 4~7 对，对生或近互生，多卵状圆形；圆锥花序生于枝顶，蝶形小花白色或乳白色，味甜香。

红叶石楠 ☀ ❀ ❀ ❀ ◊

蔷薇科石楠属，常绿小乔木。叶革质，多长椭圆形，夏季绿色，秋、冬、春三季皆红色；复伞房花序顶生，小花白色，花瓣5片，近圆形。

楸子 ☀ ❀ ❀ ❀ ◊

蔷薇科苹果属，落叶乔木。叶暗绿色，椭圆形或卵形，叶缘具细齿；花序近似伞形，花白色，有芳香，花瓣倒卵形，基部有短爪。

红花洋槐 ☀ ❀ ❀ ◊ ✕

豆科刺槐属，落叶乔木。奇数羽状复叶互生，小叶13~25枚，长圆状卵形或长椭圆形；总状花序腋生，下垂，蝶形小花紫红色或粉红色。

伯乐树 ☀ ❀ ❀ ◊

伯乐树科伯乐树属，落叶乔木。奇数羽状复叶互生，小叶7~13枚，倒卵形或长椭圆形；总状花序顶生，花粉红色，花瓣5片，近圆形。

4~6月

刺槐 ☀❀❀❀💧✕

豆科刺槐属，落叶乔木。叶互生，奇数羽状复叶，具小叶 7~19 枚，长椭圆形或长卵形，全缘；总状花序腋生，俯垂，蝶形小花白色，芳香。

4~6月

蕊木 ☀💧

夹竹桃科蕊木属，常绿乔木。叶卵状长圆形，革质，油绿色，无被毛；聚伞花序顶生，花冠高脚碟状，白色，花瓣 5 片，长圆形，喉部红色。

4~6月

山荆子 ☀❀❀❀❀💧

蔷薇科苹果属，落叶乔木。叶卵形或长椭圆形，边缘具细锐齿，柄较长；伞房花序，花白色或淡粉色，花瓣 5 片，倒卵形。

4~8月

依兰香

番荔枝科依兰属，常绿乔木。叶互生，长卵圆形，叶缘波状，纸质；花单朵或数朵腋生，下垂，初时绿色，后变黄色，花瓣披针形，多皱曲，芳香。

5月

苹果树

蔷薇科苹果属，落叶乔木。叶互生，长卵形或长椭圆形，叶缘具圆钝齿，柄较粗壮；伞房花序生于小枝端，花梗稍长，花瓣白色，5片，倒卵形。

4~9月

白兰

木兰科含笑属，常绿乔木。叶薄革质，椭圆状披针形或长椭圆形，光滑无毛；花腋生于近枝端，白色，极芳香，花被片10片，狭披针形。

5月

鹅掌楸

木兰科鹅掌楸属，落叶乔木。叶马褂状，深绿色，先端平截或微凹，两侧有分裂；花单生枝顶，花冠形似郁金香，花瓣绿白色，基部有橙色斑纹。

5 月

核桃 ☀ ❄ ❄ 💧 ⚒

胡桃科胡桃属，落叶乔木。奇数羽状复叶，具小叶 5~13 枚，椭圆状卵形，深绿色，全缘；花雌雄同株，雄花为柔荑花序，下垂，雌花单生或 2~3 朵聚生于枝端，浅绿色或黄绿色。

5~6 月

酸角 ☀ 💧 ⚒

豆科酸豆属，常绿乔木。偶数羽状复叶互生，有小叶 7~20 对，叶片矩圆形；总状花序腋生或顶生，花瓣 5 片，上面 3 片黄色有紫褐色条纹，下面 2 片黄白色。

5~6 月

莲雾 ☀ 💧 ⚒

桃金娘科蒲桃属，常绿乔木。叶薄革质，对生，长圆形或椭圆形，无柄或柄极短；聚伞花序顶生或腋生，花白色或绿白色，雄蕊极长且多数。

5~6 月

粉花决明 ☀ 💧

豆科决明属，落叶乔木。偶数羽状复叶，具小叶 6~13 对，小叶长卵圆形；圆锥形总状花序较大型，花粉红色，花瓣 5 片，披针形。

山楂 ☀ ❄ ❄ 💧 ✕

蔷薇科山楂属，落叶乔木。叶片呈三角状卵形或宽卵形，两侧各有 3~5 羽状深裂片，略不对称；多花密集组成伞房花序，小花白色，花瓣 5 片，近圆形。

灯台树 ☀ ❄ ❄ 💧

山茱萸科梾木属，落叶乔木。纸质叶互生，阔卵形或长圆状披针形，全缘，中脉微陷；伞房状聚伞花序顶生，小花白色，花瓣 4 片，长披针形。

楸树 ☀ ❄ ❄ 💧

紫葳科梓属，落叶乔木。叶深绿色，多三角状卵形，无被毛，柄较长；伞房状总状花序顶生，花冠白色，内面具 2 黄色斑块及紫红色斑点。

蓝花楹 ☀ 💧

紫葳科蓝花楹属，落叶乔木。叶对生，二回羽状复叶，亮绿色；圆锥花序着生枝端，较长，花鲜蓝色至蓝紫色，花冠筒细长，花冠裂片圆形。

5~6月

5~7月

广玉兰 ☀❄❄💧

木兰科木兰属，常绿乔木。叶厚，革质，倒卵状椭圆形或长椭圆形，深绿色有光泽；花较大，荷花状，白色，肉质花被片9~12片，倒卵形。

天女花 ☀❄❄💧

木兰科木兰属，落叶小乔木。叶膜质，多倒卵形，深绿色，全缘；花叶同出，花白色，杯状，盛开时浅碟状，花瓣9片，长圆状倒卵形，雄蕊紫红色。

5~7月

5~7月

鱼尾葵 ☀💧

棕榈科鱼尾葵属，常绿乔木。叶大型，厚革质，二回羽状全裂，最上部羽片大，楔形，先端2~3裂；肉穗花序腋生，下垂，小花土黄色。

喜树 ☀💧

珙桐科喜树属，落叶乔木。纸质叶互生，长圆状卵形或长椭圆形；多个头状花序组成圆锥花序，顶生或腋生，一般雌花序在上，雄花序在下，淡绿白色。

5~7月

山合欢 ❀ ❀ ❀ ◐

豆科合欢属，落叶乔木。二回羽状复叶，羽片 2~3 对，各生小叶 5~14 对，小叶线状长圆形；数个头状花序排成伞房状，顶生，花丝白色，细长。

5~10月

5~12月

鸡蛋花 ☼ ◐

夹竹桃科鸡蛋花属，落叶灌木或小乔木。叶互生，厚纸质，矩椭圆形；聚伞花序顶生，花冠筒状，外面白色，内面黄色或仅喉部黄色，裂片 5 片，阔倒卵形。

黄花夹竹桃 ☼ ◐ ☠

夹竹桃科黄花夹竹桃属，常绿乔木。革质叶互生，狭披针形，深绿色；聚伞花序顶生，花冠黄色，漏斗状，花冠裂片向左覆盖。

6~7月

黄金树 ☀ ❄ ❄ ❄ 💧

紫葳科梓属，落叶乔木。叶对生，卵状椭圆形或阔卵形，先端尾尖，纸质，绿色有光泽；圆锥花序顶生，较长，花冠钟状，先端5裂，白色，内有黄色条纹和紫色斑点。

6~7月

水石榕 ☀ 💧

杜英科杜英属，常绿小乔木。叶互生，革质，常聚生于枝端，长圆形或狭披针形；总状花序腋生，花白色，俯垂，花瓣先端细裂成流苏状。

6~7月

鱼木 ☀ 💧 ☠

山柑科鱼木属，落叶小乔木。叶互生，三出复叶，亮绿色，边缘皱波状；伞房花序顶生，具花10~15朵，花白色或淡黄色，花瓣长圆状披针形。

黄兰 ☀️ 💧

木兰科含笑属，常绿乔木。叶互生，薄革质，卵状披针形或长圆状披针形，深绿色；花单生于叶腋，黄色，极芳香，花瓣倒披针形，外轮花瓣比内轮大。

合欢 ☀️ ❄️ 💧

豆科合欢属，落叶乔木。二回羽状复叶，羽片 4~12 对，各生小叶 10~30 对，小叶线形至矩圆形；头状花序顶生或腋生，花冠粉红色，基部白色，呈丝绒状。

凤凰木 ☀️ 💧

豆科凤凰木属，落叶乔木。叶互生，二回偶数羽状复叶，柄较长，羽片对生，长圆形小叶密集；伞房状总状花序顶生或腋生，花深红色至橙红色，花瓣匙形，瓣柄较长。

火炬树 ☀️ ❄️ ❄️ 💧

漆树科盐肤木属，落叶小乔木。叶互生，奇数羽状复叶，具小叶 19~23 枚，披针形或长椭圆形，中脉显著；圆锥花序顶生，较大型，深红色。

6~8月

铁树 ☀ 💧

苏铁科苏铁属，常绿乔木。羽状复叶顶生，小叶条形，厚革质，先端刺状，叶缘反卷，深绿色；雌雄异株，雄球花圆柱形，直立，黄色，有短梗，雌球花扁球形。

6~8月

炮弹树 ☀ 💧

玉蕊科炮弹树属，落叶乔木。叶互生，宽披针形，革质，大小不等，边缘平滑；花簇发自茎干，花冠浅碟状，花瓣红色或黄色，内面淡紫红色或深红色。

6~8月

腊肠树 ☀ 💧

豆科决明属，落叶乔木。叶互生，羽状复叶，具薄革质小叶 4~8 对，阔卵形至长卵形，全缘；总状花序疏花，常下垂，花金黄色，花瓣长倒卵形，脉纹显著。

6~11 月

糖胶树

夹竹桃科鸡骨常山属，常绿乔木。叶 3~8 片轮生，倒披针形，光滑无毛；聚伞花序顶生，白色小花极密，高脚碟状，花瓣 5 枚，长圆形或卵状长圆形。

6~11 月

红木

红木科红木属，落叶小乔木或灌木。叶互生，纸质，卵形或三角状卵形，叶全缘，微波状；圆锥花序顶生或腋生，花淡粉红色，花瓣 5 片，长卵形。

9~10 月

桂花

木犀科木犀属，常绿乔木或灌木。单叶对生，革质光亮，椭圆状披针形或长椭圆形；聚伞花序腋生，每腋内多花密集，小花淡黄色、橘红色或黄白色，合瓣 4 裂。

9 月至次年 4 月

大花田菁 ☀❋❋❋💧🍴

豆科田菁属，落叶乔木。叶互生，偶数羽状复叶，具小叶 10~30 对，长卵圆形，全缘；总状花序腋生，下垂，蝶形花较大，白色、粉红色或玫红色。

10~11 月

10~12 月

铁刀木 ☀💧

豆科决明属，落叶乔木。偶数羽状复叶，具革质小叶 6~10 对，长椭圆形，全缘；伞房形总状花序腋生，较大型，花黄色，花瓣 5 片，阔倒卵形。

美丽异木棉 ☀💧

木棉科异木棉或美人树属，落叶乔木。叶互生，掌状复叶，小叶 3~7 枚，长椭圆形；总状花序顶生，花单生，匙形花瓣 5 片，淡粉红色，基部白色，边缘波状。

枇杷 ☀ ❄ 💧 ✕ ✖

蔷薇科枇杷属，常绿小乔木。叶互生，革质，倒卵形或披针形，叶脉明显，柄短或几无柄；圆锥花序顶生，花梗和花萼密被锈色绒毛，花瓣 5 片，白色，长卵形。

红花羊蹄甲 ☀ ❄ 💧

豆科羊蹄甲属，常绿乔木。叶片近圆形，硬纸质，先端分裂较长，基部浅心形；总状花序腋生或顶生，花红色至紫红色，花瓣 5 片，倒披针形。

刺桐 ☀ 💧

豆科刺桐属，落叶乔木。叶互生，羽状复叶具膜质小叶 3 枚，小叶阔卵形或菱状卵形，全缘；总状花序顶生，蝶形小花密集，成对着生，深红色。

玉兰 ✿ 2~3月 ☀❅❆💧💧

　　木兰科木兰属，落叶乔木。叶纸质，倒卵形、宽倒卵形或长圆状倒卵形，先端钝圆、平截或微凹，叶面深绿色，叶背淡绿色，叶脉明显；花大，单朵顶生，先于叶开放，直立，有芳香；被片9片，白色、粉色或紫红色，也有的白色染有红晕，长圆状倒卵形，近相似。

星花木兰

黄山木兰

柳叶木兰

苏珊木兰

飞碟木兰

紫白二乔玉兰

荷兰红紫玉兰

紫红二乔玉兰

狭萼辛夷

黑紫色紫玉兰

2~3月

全年

深山含笑 ☀❄❀💧

木兰科含笑属，常绿乔木。叶互生，革质，深绿色，长圆状
椭圆形；花单生于枝端，较大，有芳香，花瓣9片，白色，
基部稍呈淡红，近匙形或倒卵形。

木榄 ☀💧

红树科木榄属，常绿乔木或灌木。叶长
椭圆形，柄较长；花单生于叶腋，花萼
较厚，红色，萼筒较长，萼片线形，花
瓣10片，线形，棕褐色，被长绒毛。

2~3月

全年

白玉兰 ☀❄❀💧✗

木兰科木兰属，落叶乔木。叶互生，纸质，倒卵状椭圆形或
倒卵形，深绿色；花单生于枝端，先于叶开放，花白色，基
部略带粉红，花瓣长圆状倒卵形。

宫粉羊蹄甲 ☀💧

豆科羊蹄甲属，落叶乔木。叶互生，广
卵形至近圆形，先端深2裂；总状花序，
花紫红色或淡红色，花瓣狭倒卵形或倒
披针形，边缘略反卷，具瓣柄。

索引